チタン溶接トラブル事例集

カラー資料

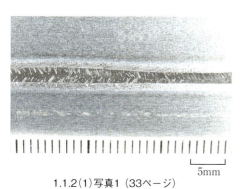

1.1.2(1)写真1（33ページ）

1.1.2(1)写真2（34ページ）

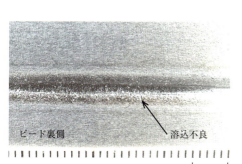

1.1.2(2)図1（35ページ）

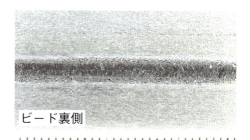

1.1.2(2)写真1（36ページ）

1.1.2(3)写真1（37ページ）

1.1.2(3)写真2（38ページ）

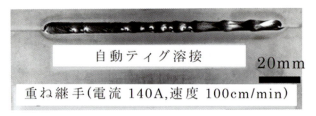

1.1.2(4)図1 (39ページ)

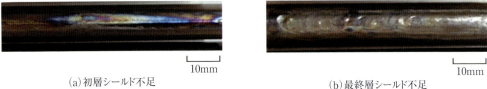

(a) 初層シールド不足　　　　　　　　　　　(b) 最終層シールド不足

1.1.1(5)写真1 (25ページ)

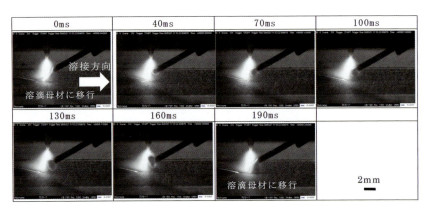

1.1.2(4)図4 (40ページ)

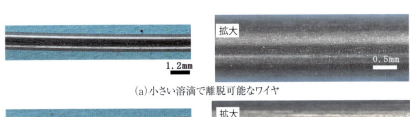

(a) 小さい溶滴で離脱可能なワイヤ

(b) 従来ワイヤ

1.1.2(4)図6 (41ページ)

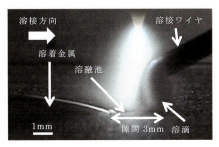
1.1.2(4)図3（40ページ）

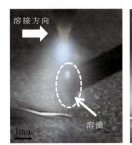

1.1.2(4)図8（42ページ）

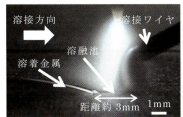
1.1.2(4)図9（43ページ）

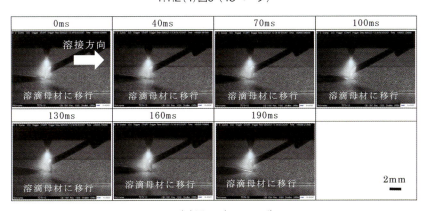
1.1.2(4)図10（43ページ）

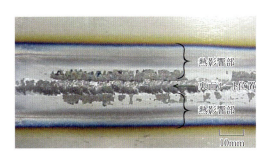
1.1.3(1)写真1（44ページ）

1.1.3(5)写真1（57ページ）

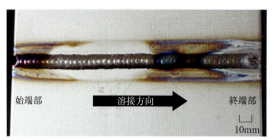

1.1.3(2)写真1（48ページ）

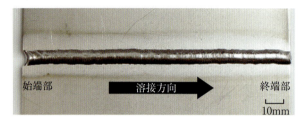

1.1.3(2)写真2（50ページ）

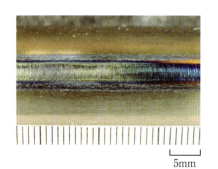

1.1.3(3)写真1（52ページ）

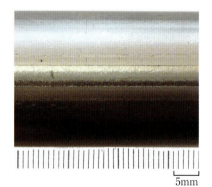

1.1.3(3)写真2（54ページ）

1.1.6(1)写真2（76ページ）

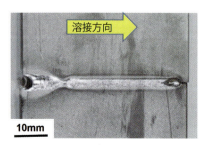

表面

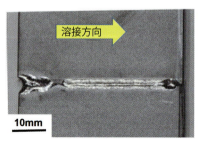

裏面

1.1.3(5)写真4（60ページ）

iv

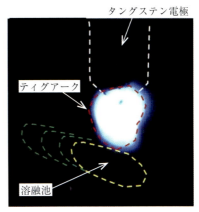

1.1.5(2)写真1 (71ページ)　　　1.1.5(2)写真2 (71ページ)

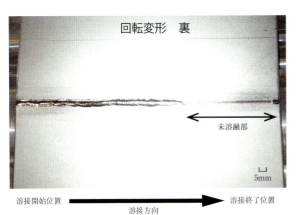

1.1.4(2)写真1 (65ページ)

1.2.2(2)写真1 (97ページ)

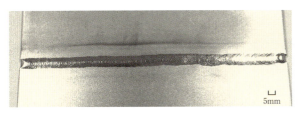

1.1.4(2)写真2 (66ページ)

1.2.1(2)写真1 (81ページ)

1.2.1(2)写真2 (83ページ)

V

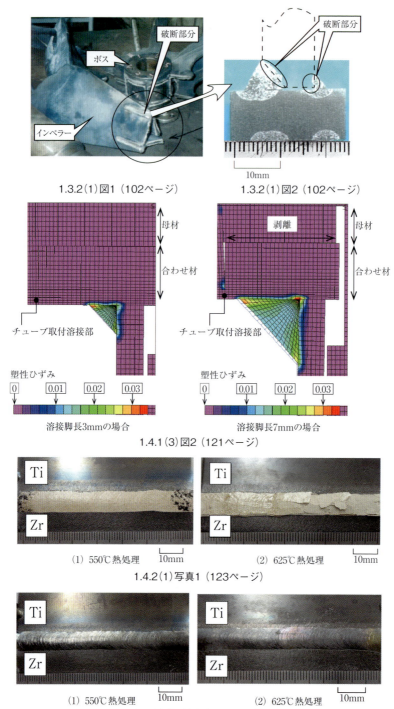

1.4.3(1)図1（126ページ）

1.4.3(1)図2（127ページ）

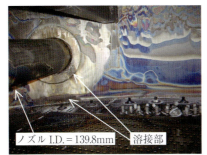
1.4.3(3)写真1（132ページ）

1.3.3(1)写真1（106ページ）

写真3.7（181ページ）

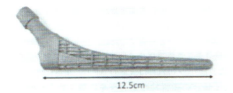
写真3.11（210ページ）

写真3.2（164ページ）

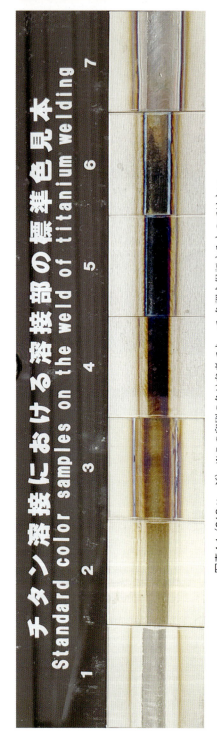

写真4.1 (218ページ) ※この印刷の色は参考であって、色調を保証するものではない。

写真3.1 (164ページ)

写真3.5 (175ページ)

チタン溶接
トラブル事例集

日本チタン協会　編

産報出版

『チタン溶接トラブル事例集』編集委員

監　　　　修	小溝裕一	大阪大学名誉教授
溶接分科会主査	小川和博	日本製鉄㈱
編集委員会主査	上瀧洋明	㈠社）日本チタン協会
編集委員（五十音順）	青木大造	㈱神戸製鋼所
	小澤日出行	㈱東京チタニウム
	小野寺幹男	元・㈱アルバック
	葛西省五	元・㈱クロセ
	川嶋　巌	元・㈹産業技術総合研究所
	瀬渡直樹	㈹産業技術総合研究所
	長谷泰治	㈠社）日本チタン協会
	中野光一	㈱高田工業所（九州工業大学）
	平嶋謙治	元・トーホーテック㈱
	堀尾浩次	大同特殊鋼㈱
	峯倉功和	㈱神戸製鋼所
	松原卓也	㈱神鋼エンジニアリング＆メンテナンス
	山田耕介	㈱アロイ
	山本　稔	㈱アルバック
事　務　局	三木　基	㈠社）日本チタン協会専務理事
	木下和宏	㈠社）日本チタン協会企画部長

『チタン溶接トラブル事例集』執筆者

事例編（五十音順）	青木大造	㈱神戸製鋼所
	小川和博	日本製鉄㈱
	小野寺幹男	元・㈱アルバック
	葛西省五	元・㈱クロセ
	上瀧洋明	㈠社）日本チタン協会
	瀬渡直樹	㈹産業技術総合研究所
	土肥直生	㈱三井 E&S マシナリー
	長谷泰治	㈠社）日本チタン協会
	中野光一	㈱高田工業所（九州工業大学）
	平嶋謙治	元・トーホーテック㈱
	堀尾浩次	大同特殊鋼㈱
	峯倉功和	㈱神戸製鋼所
	松原卓也	㈱神鋼エンジニアリング＆メンテナンス
	三隅勝正	㈱三井 E&S マシナリー
	山田耕介	㈱アロイ
	山本　稔	㈱アルバック
基礎編（五十音順）	小川和博	日本製鉄㈱
	上瀧洋明	㈠社）日本チタン協会
	峯倉功和	㈱神戸製鋼所

まえがき

　近年，我が国の産業界では，ますます厳しさを増す国際競争を勝ち抜いていくための対応力強化の必要に迫られ，様々な変革が進められております。加えて，産業構造の変化から製造業，特に素材，重工分野での円滑な技術伝承と新たなニーズに対応できる技術力の確保・高度化が，今後の飛躍への鍵を握っていると考えられます。

　国際競争力の視点からは，高付加価値の商品へのシフトが，有力な選択肢の一つですが，その製造技術においては溶接が容易でない材料の施工管理が必要不可欠となりそれがまた海外製品との差別化のカギにもなります。

　チタンは強さと軽さのバランスに優れるだけでなく腐食にも強いことから高付加価値品を構成する重要な材料の一つとして位置づけられています。しかしながら溶接部でトラブルを起こさずチタンのもつ特性を最大限に発揮させるには，構造用材料として最も多く用いられています鉄鋼材料とは異なる視点での施工管理が必須となります。言いかえますと正しい施工方法の理解不足により思わぬトラブルを引き起こすことになります。

　信頼性の高い技術を習得するには，先人の成功体験だけではなく，むしろ失敗事例から得られる教訓を活用して，"転ばぬ先の杖"とすることが有効とも言われています。チタンの溶接に関してもまた各人が多くのトラブルを経験してそれを礎にして技術を高めていったという歴史を少なからず有しています。しかしながら，それらのトラブルの事例は個々に保有され原因の理解や対策についても経験則にとどまっており，必ずしも学術的な視点で体系的に整理されておらず，宝の持ち腐れといっても過言ではない状況とも言えます。

　そこで一般社団法人　日本チタン協会　（技術委員会溶接分科会）では収集した多岐にわたる溶接トラブル事例について，大学と企業の専門家からなる同分科会の編集委員会のメンバーが熱心に議論を重ねて，原因を解析しその結果に立脚した対策を含めた事例集として整理しました。その成

果を「チタンの溶接トラブル事例集」としてここに発刊するに至りました。

　なお，本書はトラブル事例を中核にしていますが，基礎知識に関する解説を記載した章との二部構成から成っています。必ずしもチタンの溶接を専門としない読者にも原因解析と対策の根拠を理解できる構成となっているだけでなく，新たにチタンの溶接技術を学ぼうとされる方にも有用な書と考えています。

　チタンは本書に記載しましたトラブル回避のために管理すべき要点さえ押さえれば決して溶接が難しい材料ではないと言えます。

これらの事例集に収録されている知見をチタンの溶接構造物の性能を最大限発揮するために有効に活用いただけますすれば幸甚です。

　貴重な事例資料のご提供を頂きました関係各位に深く感謝申し上げます。

　本書の発刊に際して，多大なるバックアップと貴重なご助言を頂きました一般社団法人日本チタン協会の事務局の皆様に心より深く感謝申し上げます。

　また，産報出版株式会社の星野孝昌様には構想の段階から編集委員会に参加いただき，技術書としての完成度向上に多大なるご尽力を頂きましたことに感謝申し上げます。

2019 年 3 月

　　　　　　　　　　　　　　　　（一社）日本チタン協会
　　　　　　　　　　　　　　　　技術委員会溶接分科会
　　　　　　　　　　　　　　　　主査　小川和博

本書の使い方

　本書はどのような使い方をして頂いてもよいが，効果的に使って頂くために，使い方として大きく2つの方法を一例として紹介させて頂く。まず第1は探したい内容の事例に合わせて素早く検索し簡潔に原因と対策を把握する方法。第2は系統的にチタンの溶接について学ぶ方法である。

　各項では，トラブルの例ごとに「事例」とその「原因」および「対策」を述べ，参照する基礎編の項を示す。実際のトラブルの場合は多くの条件が複合しているので，ここに示す「原因」と「対策」は参考例と考えていただきたい。

　以下にその使い方を説明する。

（1）　事例の内容により検索する方法

　(ⅰ)目次からの検索。編集委員会では協議を重ねトラブル事例を大分類，小分類として極力系統的に整理するように努めたので参照したい事例が属する分類を参考に目次を検索することが効果的である。

　または(ⅱ)索引からキーワードにより検索し，出てきたページの内，第1部の事例から探している事例に近いタイトルを選ぶ。

　なお，第1部では検索の便のため，タイトルは可能な限り，簡潔にすること，トラブルの内容と特徴を示すこと，およびトラブルの発生した製品のイメージが可能なことを念頭に表記した。実際の応用にあたっては第1部で示す「対策」などは絶対的なものではなく，参考例として活用していただきたい。

（2）　チタンの溶接に関する入門書として活用する方法

　第2部で目次の中から，目標の内容の項目を選ぶ。第2部ではチタン溶接の基礎知識全般を把握するために，チタンの種類，溶融溶接，各種の接合方法，異材接合などについて記述した。記述に当たってはできるだけ説明の根拠を示し，引用した場合は引用文献を示した。トラブル事例解決のための理論的根拠を明確に理解して頂くためである。

　なお，第1部で事例ごとに調べているときも，基本的に重要な事項は第2部および他の事例を引用または参考資料として記載し，根拠や背景を示す。

　本書の使い方の例を上に示したがこれに限ることなく読者の皆様が効果的にこの冊子を活用して下さることを期待する。

『チタン溶接トラブル事例集』編集委員会　主査　上瀧洋明

目　　次

カラー資料 ・・・ i

まえがき ・・・ 3

本書の使い方 ・・・ 5

第 1 部　トラブル事例と対策

第 1 章　チタンの溶接トラブル

1.1　溶接施工におけるトラブル ・・・・・・・・・・・・・・・・・・・・・・・・・・・・・・・・・・・・・・ 13

　1.1.1　ポロシティ ・・ 13

　　(1)グラインダで開先加工をしたところポロシティ発生 ・・・・・・・・・ 13

　　(2)グラインダで裏はつりしたことによるポロシティ発生 ・・・・・・・ 15

　　(3)板切り溶加棒使用によるポロシティ発生 ・・・・・・・・・・・・・・・・・・・ 19

　　(4)溶加棒の汚れによるポロシティ発生 ・・・・・・・・・・・・・・・・・・・・・・・ 21

　　(5)多層溶接時のポロシティ発生 ・・・・・・・・・・・・・・・・・・・・・・・・・・・・・ 24

　　(6)シールドガス用ゴムホースからのポロシティ発生 ・・・・・・・・・・ 28

　　(7)シールドガス配管からのコンタミネーションによるポロシティ発生 ・・・・・・・・・・ 30

　1.1.2　ビード形状不良 ・・・ 33

　　(1)極薄板でのビード形状不良 ・・・・・・・・・・・・・・・・・・・・・・・・・・・・・・・ 33

　　(2)極薄板での溶込不良 ・・・・・・・・・・・・・・・・・・・・・・・・・・・・・・・・・・・・・・ 35

　　(3)重ねすみ肉溶接でビード形状不良 ・・・・・・・・・・・・・・・・・・・・・・・・・ 37

　　(4)自動高速溶接におけるビード形成不良 ・・・・・・・・・・・・・・・・・・・・・ 39

　1.1.3　酸化(変色) ・・ 44

　　(1)板突合せ溶接で裏面が酸化 ・・・・・・・・・・・・・・・・・・・・・・・・・・・・・・・ 44

　　(2)ティグ溶接時の溶接始端と終端における酸化 ・・・・・・・・・・・・・・・ 48

　　(3)小径管造管時に溶接部が酸化 ・・・・・・・・・・・・・・・・・・・・・・・・・・・・・ 52

　　(4)熱交換器の管板シール溶接で溶接部が酸化 ・・・・・・・・・・・・・・・・・ 55

　　(5)レーザ溶接によるビード酸化 ・・・・・・・・・・・・・・・・・・・・・・・・・・・・・ 57

　1.1.4　溶接変形 ・・ 62

　　(1)突合せ溶接時の角変形 ・・・・・・・・・・・・・・・・・・・・・・・・・・・・・・・・・・・ 62

　　(2)突合せ溶接時の回転変形 ・・・・・・・・・・・・・・・・・・・・・・・・・・・・・・・・・ 65

　1.1.5　溶接作業トラブル ・・ 67

（1)自動ティグ溶接におけるチタン溶接ワイヤの座屈によるワイヤ送給停止 ……… 67
（2)チタン製機器の補修溶接で水素吸収によるアークトラブル ……………… 71
　1.1.6　着火 ……………………………………………………… 74
（1)溶接火花がチタンくずに飛び火災 ……………………………… 74
（2)チタン管群の溶断作業による管の燃焼 ……………………… 77
1.2　溶接部の割れ ……………………………………………… 79
　1.2.1　継手溶接 ………………………………………………… 79
（1)突合せ溶接部の曲げ試験後の割れ …………………………… 79
（2)チャンバー内のガス純度不良による曲げ試験時の割れ ………… 81
（3)造管ラインの矯正時に溶接部で割れ発生 …………………… 84
（4)ティグ溶接($Ar+H_2$シールドガス)で溶接部に割れ発生 ……… 86
（5)熱交換器用チタン溶接管の割れ ……………………………… 90
　1.2.2　肉盛溶接 ………………………………………………… 94
（1)チタン鋳物の肉盛補修溶接割れ ……………………………… 94
（2)チタン硬化肉盛時の溶接割れ ………………………………… 96
1.3　使用性能におけるトラブル ……………………………… 99
　1.3.1　強度不足 ………………………………………………… 99
（1)溶接施工方法の確認試験不合格 ……………………………… 99
　1.3.2　疲労損傷 ………………………………………………… 102
（1)溶接施工溶込不足 …………………………………………… 102
　1.3.3　腐食 ……………………………………………………… 105
（1)置き忘れた仮部品による隙間腐食 …………………………… 105
（2)チタン合金溶接部の高温塩化物による応力腐食割れ ………… 108
1.4　クラッドと異材溶接 ……………………………………… 111
　1.4.1　割れ ……………………………………………………… 111
（1)チタンとステンレス鋼の異材溶接割れ ……………………… 111
（2)チタンクラッド鋼板の突合せ溶接時に割れ発生 …………… 115
（3)熱交換器用チタン管板シール溶接部の割れ ………………… 120
　1.4.2　酸化 ……………………………………………………… 123
（1)ジルコニウムとチタンの溶接部で異常酸化 ………………… 123
　1.4.3　腐食 ……………………………………………………… 126
（1)チタンクラッド鋼の補修溶接部で孔食発生 ………………… 126
（2)化学工業機器のマンホールカバーから漏れ発生 …………… 129
（3)試験運転時のバルブ操作ミスによりチタンが腐食 ………… 132
（4)チタンクラッド鋼製容器の溶接線の全線の腐食 …………… 135

第2部　基礎編

第2章　チタンの種類と性質

2.1　チタンおよびチタン合金の種類と性質 ‥‥‥‥‥‥‥‥‥‥141
2.1.1　チタンの概要 ‥‥‥‥‥‥‥‥‥‥‥‥‥‥‥‥‥‥‥‥141
2.1.2　チタンの物理的性質 ‥‥‥‥‥‥‥‥‥‥‥‥‥‥‥‥142
2.1.3　チタンの機械的性質 ‥‥‥‥‥‥‥‥‥‥‥‥‥‥‥‥143
2.1.4　耐食性 ‥‥‥‥‥‥‥‥‥‥‥‥‥‥‥‥‥‥‥‥‥‥144
2.2　チタンおよびチタン合金の規格 ‥‥‥‥‥‥‥‥‥‥‥‥149
2.2.1　チタンのJIS規格 ‥‥‥‥‥‥‥‥‥‥‥‥‥‥‥‥‥149
2.2.2　チタンの国際規格 ‥‥‥‥‥‥‥‥‥‥‥‥‥‥‥‥‥152
2.3　チタン溶接材料の種類と性質 ‥‥‥‥‥‥‥‥‥‥‥‥‥152
2.3.1　溶加材のJIS規格 ‥‥‥‥‥‥‥‥‥‥‥‥‥‥‥‥‥152
2.3.2　溶加材の国際規格 ‥‥‥‥‥‥‥‥‥‥‥‥‥‥‥‥‥153
2.3.3　チタン溶加材の材質上の留意点 ‥‥‥‥‥‥‥‥‥‥‥154
　　(1)ソリッド材 ‥‥‥‥‥‥‥‥‥‥‥‥‥‥‥‥‥‥‥‥154
　　(2)適用母材 ‥‥‥‥‥‥‥‥‥‥‥‥‥‥‥‥‥‥‥‥‥154
　　(3)チタンとチタン合金の溶接 ‥‥‥‥‥‥‥‥‥‥‥‥‥155
　　(4)角棒 ‥‥‥‥‥‥‥‥‥‥‥‥‥‥‥‥‥‥‥‥‥‥‥156

第3章　チタン溶接技術の基礎

3.1　溶接性 ‥‥‥‥‥‥‥‥‥‥‥‥‥‥‥‥‥‥‥‥‥‥‥157
3.1.1　溶接金属のガス吸収特性 ‥‥‥‥‥‥‥‥‥‥‥‥‥‥157
3.1.2　ガス成分と機械的性質 ‥‥‥‥‥‥‥‥‥‥‥‥‥‥‥159
3.2　接合方法 ‥‥‥‥‥‥‥‥‥‥‥‥‥‥‥‥‥‥‥‥‥‥162
3.2.1　接合方法の種類 ‥‥‥‥‥‥‥‥‥‥‥‥‥‥‥‥‥‥162
　　(1)冶金的接合(溶接) ‥‥‥‥‥‥‥‥‥‥‥‥‥‥‥‥‥162
　　(2)化学的接合(接着) ‥‥‥‥‥‥‥‥‥‥‥‥‥‥‥‥‥164
　　(3)機械的接合 ‥‥‥‥‥‥‥‥‥‥‥‥‥‥‥‥‥‥‥‥165
3.3　融接 ‥‥‥‥‥‥‥‥‥‥‥‥‥‥‥‥‥‥‥‥‥‥‥‥166
3.3.1　ティグ溶接 ‥‥‥‥‥‥‥‥‥‥‥‥‥‥‥‥‥‥‥‥166
　　(1)チタンの反応性 ‥‥‥‥‥‥‥‥‥‥‥‥‥‥‥‥‥‥166
　　(2)ティグ溶接の原理 ‥‥‥‥‥‥‥‥‥‥‥‥‥‥‥‥‥167
　　(3)シールドジグ ‥‥‥‥‥‥‥‥‥‥‥‥‥‥‥‥‥‥‥169

(4)装置　‥‥‥‥‥‥‥‥‥‥‥‥‥‥‥‥‥‥‥‥‥‥‥‥‥‥‥‥　171
　(5)タングステン電極　‥‥‥‥‥‥‥‥‥‥‥‥‥‥‥‥‥‥‥‥‥‥　172
　(6)シールドガス　‥‥‥‥‥‥‥‥‥‥‥‥‥‥‥‥‥‥‥‥‥‥‥‥　174
　3.3.2　コンタミネーションの原因と対策　‥‥‥‥‥‥‥‥‥‥‥‥　176
　　(1)空気によるコンタミネーション　‥‥‥‥‥‥‥‥‥‥‥‥‥‥　177
　　(2)空気コンタミネーションへの対策　‥‥‥‥‥‥‥‥‥‥‥‥‥　179
　　(3)空気以外によるコンタミネーション　‥‥‥‥‥‥‥‥‥‥‥　183
　　(4)セミクリーンルーム　‥‥‥‥‥‥‥‥‥‥‥‥‥‥‥‥‥‥‥　184
　3.3.3　ティグ溶接作業時の留意点　‥‥‥‥‥‥‥‥‥‥‥‥‥‥　185
　　(1)垂下特性　‥‥‥‥‥‥‥‥‥‥‥‥‥‥‥‥‥‥‥‥‥‥‥‥　185
　　(2)開先調整　‥‥‥‥‥‥‥‥‥‥‥‥‥‥‥‥‥‥‥‥‥‥‥‥　186
　　(3)ストリンガビード　‥‥‥‥‥‥‥‥‥‥‥‥‥‥‥‥‥‥‥‥　186
　　(4)溶接変形防止　‥‥‥‥‥‥‥‥‥‥‥‥‥‥‥‥‥‥‥‥‥‥　186
　　(5)シールドガス　‥‥‥‥‥‥‥‥‥‥‥‥‥‥‥‥‥‥‥‥‥‥　187
　　(6)溶接条件とシーケンス　‥‥‥‥‥‥‥‥‥‥‥‥‥‥‥‥‥‥　188
　3.3.4　ミグ溶接　‥‥‥‥‥‥‥‥‥‥‥‥‥‥‥‥‥‥‥‥‥‥　189
　3.3.5　プラズマ溶接　‥‥‥‥‥‥‥‥‥‥‥‥‥‥‥‥‥‥‥‥　190
　3.3.6　レーザ溶接　‥‥‥‥‥‥‥‥‥‥‥‥‥‥‥‥‥‥‥‥‥　191
　3.3.7　電子ビーム溶接　‥‥‥‥‥‥‥‥‥‥‥‥‥‥‥‥‥‥‥　192

3.4　圧接　‥‥‥‥‥‥‥‥‥‥‥‥‥‥‥‥‥‥‥‥‥‥‥‥‥‥‥‥　193
　3.4.1　抵抗溶接　‥‥‥‥‥‥‥‥‥‥‥‥‥‥‥‥‥‥‥‥‥‥　193
　　(1)スポット溶接　‥‥‥‥‥‥‥‥‥‥‥‥‥‥‥‥‥‥‥‥‥‥　193
　　(2)シーム溶接　‥‥‥‥‥‥‥‥‥‥‥‥‥‥‥‥‥‥‥‥‥‥‥　194
　3.4.2　摩擦圧接　‥‥‥‥‥‥‥‥‥‥‥‥‥‥‥‥‥‥‥‥‥‥　195
　3.4.3　摩擦攪拌接合　‥‥‥‥‥‥‥‥‥‥‥‥‥‥‥‥‥‥‥‥　195

3.5　ろう接　‥‥‥‥‥‥‥‥‥‥‥‥‥‥‥‥‥‥‥‥‥‥‥‥‥‥‥　197

3.6　拡散接合　‥‥‥‥‥‥‥‥‥‥‥‥‥‥‥‥‥‥‥‥‥‥‥‥‥‥　198

3.7　異材接合　‥‥‥‥‥‥‥‥‥‥‥‥‥‥‥‥‥‥‥‥‥‥‥‥‥‥　199
　3.7.1　チタンと鉄鋼材料との接合性　‥‥‥‥‥‥‥‥‥‥‥‥‥　199
　　(1)Ti-Fe系, Ti-Ni系状態図　‥‥‥‥‥‥‥‥‥‥‥‥‥‥‥‥‥　199
　　(2)金属間化合物の成長挙動　‥‥‥‥‥‥‥‥‥‥‥‥‥‥‥‥‥　201
　3.7.2　圧延を用いた接合　‥‥‥‥‥‥‥‥‥‥‥‥‥‥‥‥‥‥　204
　3.7.3　爆発圧接　‥‥‥‥‥‥‥‥‥‥‥‥‥‥‥‥‥‥‥‥‥‥　205

3.8　チタンクラッド鋼の溶接　‥‥‥‥‥‥‥‥‥‥‥‥‥‥‥‥‥‥　206
　3.8.1　溶接継手設計の例　‥‥‥‥‥‥‥‥‥‥‥‥‥‥‥‥‥‥　206
　3.8.2　ガスシールド方法の例　‥‥‥‥‥‥‥‥‥‥‥‥‥‥‥‥　208
　3.8.3　適用溶接法と溶接材料　‥‥‥‥‥‥‥‥‥‥‥‥‥‥‥‥　208

10 目 次

3.9 **チタンの積層造形** ･･････････････････････ 209
　3.9.1 金属加工における積層造形 ･････････ 209
　3.9.2 チタンの積層造形 ･･････････････････ 209
　　(1)チタンの積層造形用の設備 ･･････････ 209
　　(2)チタン積層造形材の品質 ･･･････････ 210

第4章　チタン溶接部の品質確保（試験検査・JIS 検定）

4.1 **チタン溶接部の非破壊試験** ････････ 211
　4.1.1 外観試験 ･････････････････････････ 211
　4.1.2 放射線透過試験 ･････････････････ 212
　4.1.3 超音波探傷試験 ･････････････････ 212
　4.1.4 渦電流探傷試験 ･････････････････ 213
　4.1.5 浸透探傷試験 ･･･････････････････ 213
　4.1.6 漏れ試験 ･････････････････････････ 213
　4.1.7 光学探傷試験 ･･･････････････････ 214

4.2 **チタン溶接部の破壊試験** ･･････････ 214

4.3 **チタン溶接技術検定** ･･･････････････ 214
　4.3.1 アルゴンシールド溶接におけるチタンの特殊性 ･･････ 214
　4.3.2 チタン溶接JIS検定 ･････････････ 215
　　(1)資格の種類 ･････････････････････ 215
　　(2)材質 ･･･････････････････････････････ 215
　　(3)試験材料の形状と寸法 ･･････････ 216
　　(4)溶接方法 ･････････････････････････ 216
　　(5)色判定 ･･･････････････････････････ 216
　　(6)適格性証明書 ･････････････････････ 218

第5章　ジルコニウムの溶接性

5.1 **溶接時のガス吸収特性** ･･････････････ 219

5.2 **HAZ の組織** ･･････････････････････････ 221

5.3 **溶接継手特性** ････････････････････････ 222
　5.3.1 溶接施工条件例 ･･･････････････････ 222

5.4 **溶接継手の性質** ･･････････････････････ 223
　5.4.1 組織と硬さ分布 ･･･････････････････ 223
　5.4.2 常温の引張特性 ･･･････････････････ 224

索　引 ･････････････････････････････････ 226

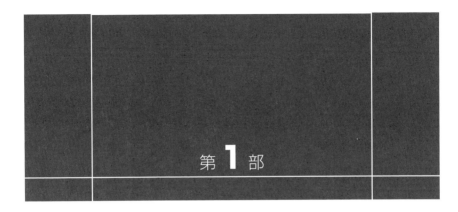

トラブル事例と対策

第 1 章

チタンの溶接トラブル

1.1 溶接施工におけるトラブル

1.1.1 ポロシティ

(1) グラインダで開先加工をしたところポロシティ発生

キーワード 開先加工, ポロシティ, ブローホール, グラインダ, 砥石

事 例

　機械加工が困難な形状の開先であったため，グラインダで開先加工を実施し，そのまま溶接したところ多数のポロシティ(ブローホール)が発生した。

原 因

　開先の粗度と清浄度が溶接品質に大きく影響するチタン溶接においては，開先加工は機械加工で行うことが望ましいが，機械加工が困難な場合はグラインダ研削による場合もある。

　グラインダ研削で行った開先は粗度も粗くそこにガス成分が入り込むのと，砥石に含まれるシリカや有機物系バインダーなども存在する[1,2]。これらは一般の洗浄では除去することが困難で，ポロシティ(ブローホール)の原因となる[1]。また，研削により生じた微細なかえりも一因となる。

対　策

　グラインダによる研削で開先を加工した後は，ロータリーバー（**写真1**）で開先面を再研削し，砥石から移ったシリカなどの不純物を除去するとともに表面を滑らかにする。さらに適切な有機溶剤などで脱脂洗浄を実施した後に溶接を実施する[1),2)]。[基礎編2.3.3項(4)参照]

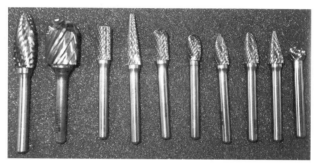

写真1　ロータリーバーの例

参考文献
1) 日本チタン協会, チタンの加工技術, 日刊工業新聞社（2006），p.110,131～132
2) 日本溶接協会出版委員会, JISチタン溶接受験の手引, 産報出版（2004），p.56,60

(2) グラインダで裏はつりしたことによるポロシティ発生

キーワード 裏はつり,グラインダ,ポロシティ(ブローホール)

事例

チタンの長手や周溶接で両側溶接のときの裏はつりをグラインダで行った。放射線透過試験(JIS Z 3108)を実施し,その健全性を評価しようと判定したがほとんど不合格(3級以下)となった。

事例における裏はつりの模式図を**図1**,チタン両側突合せ溶接の手順を**図2**に示す。また,**表1**にそのときの溶接条件を示す。

① 開先加工

裏はつりと同様でグラインダを使用すると溶融する開先面やルート面に砥粒などが混入することや面粗度が粗いと空気やガスなどが吸着してポロシティの原因となるので機械加工によって,開先加工を行った。

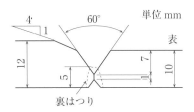

図1 裏はつりの模式図

表1 ティグ溶接条件

	層数	パス間温度(℃)	溶接電流(A)	アーク電圧(V)
表 側	5	120〜130	130〜160	11〜13
裏 側	3	110〜130	140〜160	11〜13

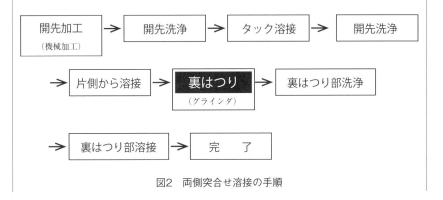

図2 両側突合せ溶接の手順

② タック溶接

汚れが付着しているとポロシティ（ブローホール）の原因となるので，タック溶接も非常に重要である。よって，本溶接と同様に溶接前に有機溶剤で洗浄した。

③ 洗　浄

本溶接前にも再度，洗浄を行った。

④ 溶　接

片側からティグ溶接を実施した。

⑤ 裏はつり

グラインダにて裏はつりを行った。

⑥ 裏はつり部を有機溶剤で洗浄後，裏はつり部を溶接し作業を完了した。

ポロシティの出現した放射線透過試験結果の例を**写真1**に示す。

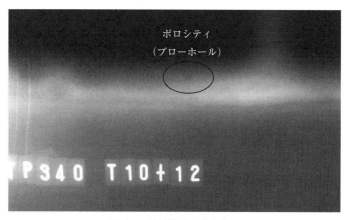

写真1　放射線透過試験結果

原　因

　　裏はつりの方法が放射線透過試験結果に及ぼす影響を**図3**に示す。
　　裏はつり面の粗度と洗浄度が溶接品質に大きく影響するチタン溶接においては，機械加工で施工できない場合にはグラインダ研削による場合もある。

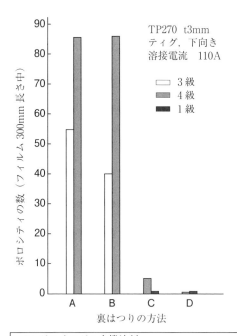

図3 裏はつりの方法がブローホールの発生に及ぼす影響[1]

　グラインダ研削で行った開先は面粗度も粗く表面にガス成分が入り込むのと，砥石に含まれる砥粒なども存在する。これらは一般の洗浄では除去することが困難なため，これらがポロシティの原因となる。また，研削により生じた微細なかえりも一因となる。

対　策

① 図3からわかるように裏はつりを行うときは超硬チップを用いた回転工具(例えば，ロータリーバー)などを使用することが基本である。
② グラインダにて裏はつりを実施した場合，被溶接箇所に砥石の砥粒などが入り込み，溶剤による洗浄では完全に除去することが困難である。
　これらを除去するためには，**図4**のようにグラインダで裏はつりした後，

再度超硬のチップなどを使用する回転工具(例えば,ロータリーバー)などで入り込んだ砥粒などを除去しなければならない。
　その後,適切な有機溶剤で洗浄を行ってから溶接を行う。
③ ブローホールの原因は被溶接部の面粗度の問題でもある。面粗度が粗ければブローホールが発生しやすくなるので,極力滑らかに仕上げることが重要である。

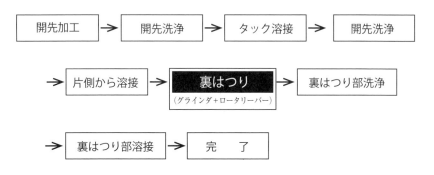

図4　放射線透過試験合格時の溶接の手順

　チタンなどの活性金属の溶接において,開先加工,タック溶接,本溶接前の洗浄も健全な溶接部を得るための非常に重要な要素となることはいうまでもない。

参考文献
1)日本溶接協会特殊材料溶接研究委員会,チタン溶接技術講習会準備資料

(3) 板切り溶加棒使用によるポロシティ発生

キーワード 板切溶加棒, 脱脂洗浄, ポロシティ(ブローホール), 角棒

事 例

母材に対応したティグ溶接材料が市販されていなかったので, 母材と同じ材質の薄板をシヤリングで2～3mm角に切断し溶加棒として使用した(**写真1**)。

溶接部を放射線透過試験したところ, 微細なポロシティ(ブローホール)が多数検出された, **写真2**で黒く点状に写っているのがポロシティ(ブローホール)である。

写真1　板切溶加棒(角棒)

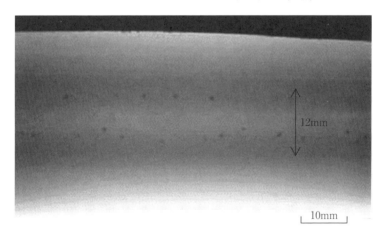

写真2　溶接部のポロシティ(ブローホール)

原因

図1に示すようにシヤリングで薄板を切断した際にシヤリングの刃に付いていた油脂などの異物が溶加棒表面に付着し，それらがアークに触れて分解して生じたガスなどがポロシティ(ブローホール)の原因である。[基礎編 2.3.3 項(4)参照]

対策

溶接棒を板材から切り出して使用することは JIS Z 3331 でも認められている。

溶加棒に油脂・水分・その他異物が付着しているとポロシティ(ブローホール)の原因となるので，板材からシヤリングなどで切断した後は，かえり・バリを除去し洗浄後，再汚染防止のためビニール袋などで包装しておき，使用前に適切な有機溶剤などで再度脱脂洗浄を実施する。[1),2)]

これにより，ポロシティ(ブローホール)の発生が低減できることから，切断→かえり・バリ除去→脱脂洗浄→酸洗→水洗→乾燥→包装の手順で処理をした溶加棒を使用するようにする。

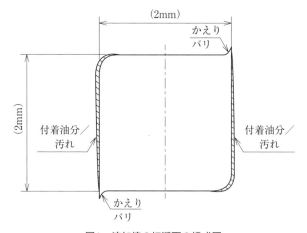

図1　溶加棒の切断面の模式図

参考文献
1) 日本チタン協会, チタンの加工技術, 日刊工業新聞社 (2006), p.109
2) 日本溶接協会出版委員会, JIS チタン溶接受験の手引, 産報出版 (2004), P.51

(4) 溶加棒の汚れによるポロシティ発生

キーワード　ポロシティ, 汚れ, 溶接棒の保管

事　例

　純チタン溶接管2種 TTH340 と純チタン板2種 TP340 を新聞紙で梱包した溶加棒 STi0120J(2種)で，確立された溶接施工要領書に従って溶接した。図1に溶接部材と開先形状を示す。

　開先はグラインダ研削し，その後ロータリーバーを用いて再研削を実施した。溶接後，溶接金属部をフランジ表面まで研削して，浸透探傷試験(PT)を行ったところ，ポロシティ（ブローホール）と思われる多数の表面欠陥指示模様が見られた。

　図2は溶接部のポロシティの拡大写真を示す。

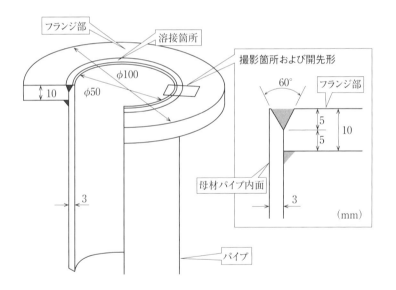

図1　溶接部材および開先形状

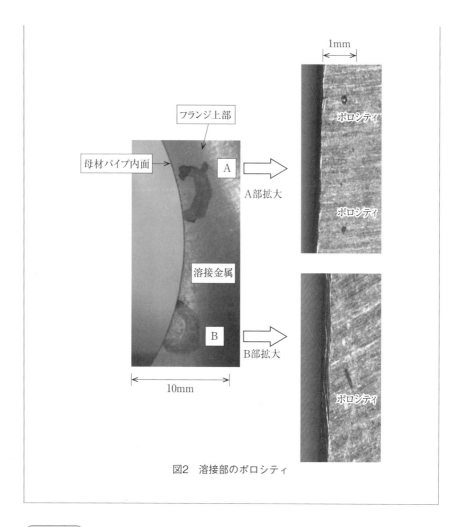

図2 溶接部のポロシティ

原　因

　このポロシティの発生原因は，新聞紙で梱包した溶加材を使用したことにある。

　新聞紙で梱包した溶加棒の表面に新聞紙のインクの油分が付着し，油分のC，H，Oのガス吸収により溶接金属内にポロシティが発生した。

対 策

　チタンの溶接に使用する溶加棒はメーカーの梱包のままで使用する。溶加棒の再梱包には，新聞紙などを使用しない。使用する場合には，適切な有機溶剤を用いて，油分を除去して使用する［基礎編 3.3.2 項(2)参照］。

　また，溶加棒を取扱う場合はきれいな手袋を使用し，油脂がつかないように素手では取り扱わない。

(5) 多層溶接時のポロシティ発生

キーワード 多層盛り, ポロシティ, テンパーカラー

事例

　純チタン3種 TP480 の 12.5mm 材をアフターシールドジグとバックシールドジグを取付け自動ティグ多層溶接を行った。

　溶接条件を表1に開先形状を図1に示す。図2に示すように裏面側3層, 表面側3層の重ね溶接を行った。初層溶接ではビード表面にテンパーカラーが発生したが, **写真1**(a) 上から積層するので, 2層目以降もそのままの条件で溶接を行った。

　通常は溶接後の温度を表面温度計で 150℃以下であることを確認して溶接を行っているが, 表面温度計が手元になかったので, 目安でパス間温度を測定せず溶接を行った (写真1(b))。

　溶接外観は形状に問題はなかったが, テンパーカラーが発生し, **写真2**に示すように放射線透過試験でほかの金属に比べ微細で多数のポロシティ (ブローホール) が多数検出され, 等級判定は3級であった。

表1　自動ティグ溶接条件

溶加材			電流(A)	電圧(V)	溶接速度(cm/min)	ガス流量(ℓ/min)		
規格	径(mm)	送給速度(cm/min)				トーチシールド	アフターシールド	バックシールド
STi0125J (YTB480)	2.0	30	170	13	5	20	27.5	6

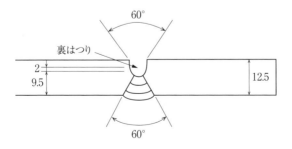

図1　開先形状およびガウジング深さ

第1章 チタンの溶接トラブル   25

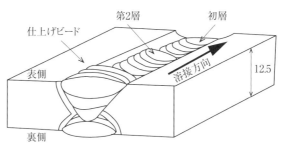

図2 積層方法模式図

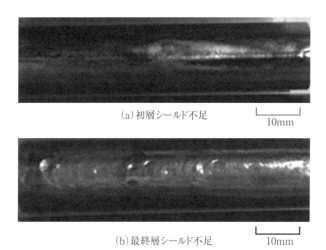

(a) 初層シールド不足

(b) 最終層シールド不足

写真1 積層方法各層に発生したテンパーカラー［巻頭にカラー写真掲載］

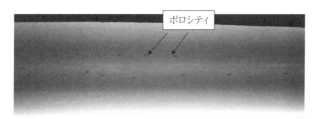

写真2 溶接ビード部の放射線透試験によるポロシティ発生状況

原　因

溶接当初は母材が加熱されていないのでテンパーカラーは発生しないが（写真1（a）），溶接後半部以降になるとシールドジグの最後尾の外側が高温になってビード表面にテンパーカラーが生じ付着する（写真1（b））。それが累積して酸化物としてポロシティの発生原因になった。

パス間温度は，ステンレス鋼では通常150℃以下で行っているが，チタンの溶接では，ほかの金属に比べテンパーカラーが発生しやすいので，作業能率を含め，パス間温度を100℃以下を守って溶接する。

今回の溶接では，溶接入熱27kJ/cmと高く，パス間温度を100℃以下とすべきところ150℃以下で行ったことも原因の1つである。また，溶接電流は図3に示すように，ポロシティの発生を防ぐためにできるだけ低い電流を選択すべきであるが，今回の溶接では溶接電流が高かったことも原因の1つである。

チタンの溶接では，ほかの金属に比べて微小な酸化物や窒化物，炭化物でもポロシティが発生しやすい。溶接部に発生するのは特に微細であるため，放射線透過試験等級分類ではかなり低い等級になりやすい。

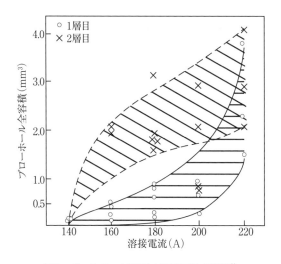

図3　ポロシティに及ぼす溶接電流の影響[1]

対　策

ポロシティ対策としてはその原因となる酸化物の生成を防止することと除去

することである。酸化物の生成を防止する方法としては，パス間温度を十分（max100℃以下）に低くし，溶接入熱を 15kJ/cm 以下で溶接する。酸化物を除去する方法としては，ステンレス製ワイヤブラシで酸化スケール（テンパーカラー）を各パスごとに除去する。

参考文献
1）山本他, 神戸製鋼技報, vol.15, No.4, (1965), p280

(6) シールドガス用ゴムホースからのポロシティ発生

キーワード シールドガス, シールドガスホース, ポロシティ

事 例

　図1に示すようにアルゴンをガスボンベから溶接電源に供給するシールドガスホースに天然ゴム製ホースを用いて，ティグ溶接を実施したところ，ポロシティが発生した。開先は切削加工後に研磨および脱脂をし，油脂類汚れを除去している。また，アフターシールド，バックシールドは十分に実施している。

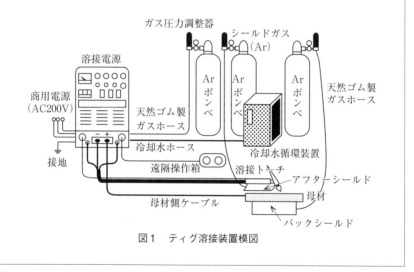

図1　ティグ溶接装置模図

原 因

　ポロシティはシールドガスに含まれた酸素・窒素・水素などのガスやアーク熱によりガスとなった水分，油分が溶接中に溶融池に入り込み，それらのガスが凝固するまでに外部へ逃げ出すことができず，溶接金属に閉じ込められることにより発生する欠陥である。
　チタン溶接ではシールドガスに含まれる水分量を数ppm程度にしないとポロシティを完全には防止できないといわれている。今回，シールドガスホースとして用いた天然ゴム製ホースは，水分および酸素の透過性比較表(基礎編3.3.2

項表 3.2) に示すように水分の透過係数が大きい。つまり，大気中の水分がホース内に透過し，シールドガス中の水分が増加したことがポロシティの原因として考えられる。

対 策

　基礎編 3.3.2 項表 3.2 に示すようにガスホースの材質は水分を通しにくいテフロン系のガスホースを用いるのが良い。その他，ホースの継手部，ホースの距離，ホースの劣化にも注意を払うべきである。また，シールドガスに使用するアルゴンに含まれる水分量が数 ppm 程度であることを確認することが好ましい。基礎編 3.3.2 項表 3.2 に露点と水分量との関係を示す。水分量を数 ppm 程度に抑えるためには露点は −60℃ より低くなければならない。

(7) シールドガス配管からのコンタミネーションによるポロシティ発生

キーワード シールドガス, 鋼製シールドガス配管, ポロシティ

事 例

図1に示すように屋外に設置されたアルゴンボンベから, 鋼製配管を通してシールドガスを供給し, トーチシールド, アフターシールド, バックシールドを行い, 表1に示す純チタン2種 TP340のような材料を用いて, 管を製造するために, 板材（5mm厚）を曲げ加工した管の縦シーム部のティグ溶接を行った。溶接条件を表2に示す。開先内は完全に, バリ除去, 油脂類汚れを除去した母材を使用した。しかし, 溶接継手のX線透過試験を実施したところ, 写真1に示すように約200μm以下のポロシティが多発していた。

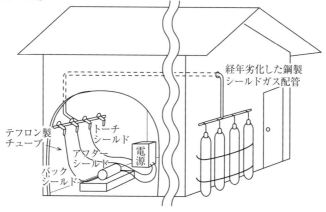

図1　シールドガス配管模式図

表1　チタンの母材および溶接材料

母　材	材　質	純チタン2種 TP340
	管サイズ	ϕ165.2 mm(150A)×t5.0 mm

表2　ティグ溶接条件

パス	溶加棒 規格	径(mm)	電流(A)	電圧(V)	溶接速度(cm/min)	Arガス流量(ℓ/min) トーチシールド	アフターシールド	バックシールド
5層5パス	STi0120	1.6	初　層 120 2〜5層 150〜180	−	10	20	20	20

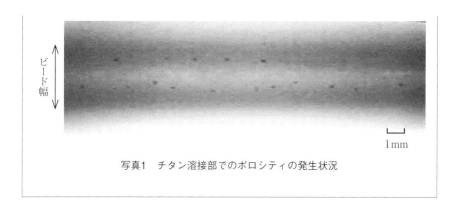

写真1　チタン溶接部でのポロシティの発生状況

原　因

　鋼製配管は経年劣化により管の内面がさびる。そのさび中の酸素，水素がシールドガスに混入する。［基礎編3.3.2項（3）参照］ポロシティとなる酸素，水素が溶接金属に入ることとなり，ポロシティが発生する。図2にポロシティに及ぼす酸素，水素，窒素の影響を示す。酸素，水素が溶接中に混入するとポロシティが発生しやすいことを表している。このポロシティはかなり微細で数多く発生する。

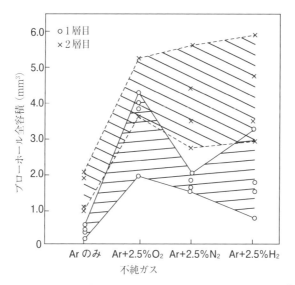

図2　ポロシティ（ブローホール）に及ぼす酸素, 水素, 窒素の影響[1]

対　策

　シールドガスの固定配管は，原則としてさびにくい銅製チューブによる配管が好ましい。また，溶接トーチ周辺におけるシールドガス配管は柔軟性が高く，水分の透過性が低いテフロン®製のホースを用いるのが良い［1.1.1 項（6）および基礎編 3.3.2 項（3）参照］。

　チタンの溶接において，ポロシティ発生を防止するためには，シールドガス中の水分量を数 ppm 程度に抑える必要がある。したがって，配管の交換後は配管の継手部などの部位で露点または水分量を確認したほうが良い。基礎編 3.3.2 項表 3.2 に露点と水分量との関係を示す。水分量を数 ppm 程度に抑えるためには露点は−60℃ より低い温度でなければならない。

参考文献
1）山本他，神戸製鋼技報，vol.15，No.4，（1965），p.280

1.1.2 ビード形成不良

(1) 極薄板でのビード形状不良

キーワード 極薄板, ビード形状不良, バックシールドジグ, 拘束ジグ

事 例

板厚0.4mmのチタン薄板を突合せて, ティグ溶接する際に, **図1**に示すように, アーク幅より狭い溝幅のバックシールドジグを用いた。適正な溶接条件としたにもかかわらず, **写真1**のように一定幅のビード形状が得られなかった。その際の溶接条件を**表1**に示す。

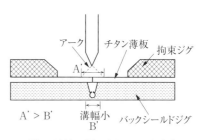

図1 溶接に用いたシールドジグ

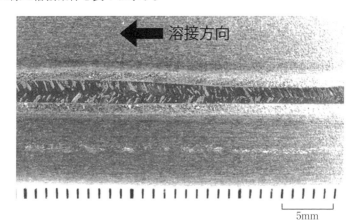

写真1 溶接ビード不良外観[巻頭にカラー写真掲載]

表1 ティグ溶接条件

| 溶加棒 || 電流 | 電圧 | 溶接速度 | Arガス流量(ℓ/min) |||
品 種	径(mm)	(A)	(V)	(cm/min)	トーチシールド	アフターシールド	バックシールド
なし		80	10	80	20	39	15

原因

薄板のティグ溶接では、溶接が不安定になりやすく、適切な溶接条件を維持することが難しい。本事例では、下記が原因でビード形状不良が発生したものと考えられる。

①バックシールドジグの溝幅が狭すぎて、不均一な熱のこもり方となり、これがビード形状に反映された。

②板の拘束が不十分であり、溶接していくにつれ適切なルートギャップを維持できなくなった。

対策

対策としては、アークの安定と被溶接物の安定のために下記が考えられる。

①バックシールドジグは溶接部の冷却効果も兼ねており、図2のようにアークの幅より少し大きめの溝幅とする。

②板を仮付溶接し、溶接中にルートギャップが変化しないように十分な拘束を行う。

バックシールドジグを基礎編 3.3.1 項図 3.11、良好な溶接ビード外観を**写真2**に示す。

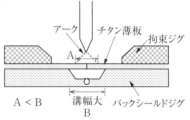

図2 適切な溝幅での溶接

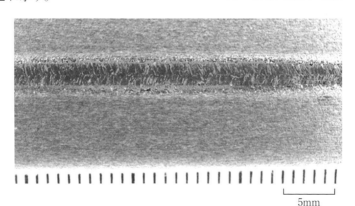

写真2 良好な溶接ビード外観[巻頭にカラー写真掲載]

(2) 極薄板での溶込不良

キーワード 極薄板, バックシールドジグ, ビード形状不良, 拘束ジグ, 溶込不良

事例

板厚 0.4mm のチタン薄板を I 形開先にて突合せて, ティグ溶接するときに, 適正な溶接条件にもかかわらず, クレーター部付近で溶落ちが生じ, 開先が残った(**図1**)。その際の溶接方法を**図2**, 溶接条件を**表1**に示す。

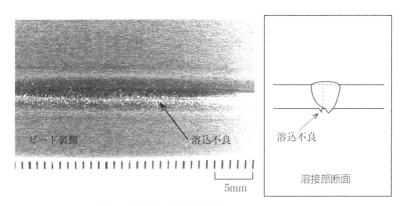

図1　溶接ビード不良外観[巻頭にカラー写真掲載]

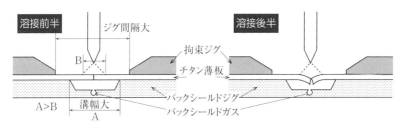

図2　不適切な拘束方法

表1　ティグ溶接条件

| 溶加棒 ||電流(A)|電圧(V)|溶接速度(cm/min)|Arガス流量(ℓ/min)|||
品　種	径(mm)				トーチシールド	アフターシールド	バックシールド
なし		75	10	80	20	40	15

原　因

　薄板のティグ溶接では，アークによる加熱域が相対的に大きくなり，開先部に熱変形が起こりやすくなる。次の原因によるものと考えられる。①拘束が不十分なため，溶接による熱収縮の影響により板が回転変形し，溶接位置にずれが生じた。②溝幅が広かったため，図2に示すように溶接が進むにつれて，角変形が顕著になり，アーク長が伸びて，適切な溶接条件からはずれた。

対　策

①板を仮付溶接し，溶接中にルートギャップが変化しないようにジグ間隔を狭めて十分な拘束を行う。
②板の落込みを防止するには，板厚に合わせたバックシールドジグを用いて溶接する必要があり，バックシールドジグはアークの幅より少し大きめの溝幅とする。

　適切なバックシールドジグ状況を**図3**，良好なビード外観を**写真1**に示す。

　また，バックシールドジグの溝幅は，狭すぎても前事例（1）のようにビード形状が不良となるので注意が必要である。

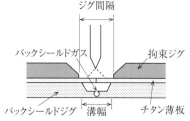

図3　適切な拘束方法

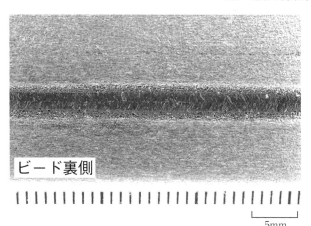

写真1　良好なビード外観［巻頭にカラー写真掲載］

(3) 重ねすみ肉溶接でビード形状不良

キーワード ティグ溶接, ビード形状不良

事 例

板厚 6mm のチタン厚板の上に板厚 0.5mm のチタン薄板を重ねすみ肉ティグ溶接する際，**図1**に示すように薄板の隅角部を狙って溶接したところ，**写真1**のように上板のチタン薄板のみ溶け，目標としたビード形状にならず不連続なビード形状となった。その際の溶接条件を**表1**に示す。

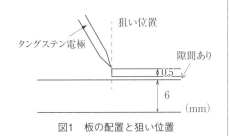

図1　板の配置と狙い位置

写真1　溶接ビード形状不良外観

表1　ティグ溶接条件

溶加棒		電流	電圧	溶接速度	Arガス流量 (ℓ/min)		
品種	径(mm)	(A)	(V)	(cm/min)	トーチシールド	アフターシールド	バックシールド
なし		60	10	40	20	39	15

原因

板厚の差がある板を重ね溶接する際には，熱容量の違いから薄い板の方が溶融しやすい。また，チタンは普通鋼に比べて熱伝導率が低く，熱が伝わりにくい［基礎編2.1.2項表2.1参照］。本事例では図1のように溶接を行っており，次のようなビード形状不良の原因が考えられる。

① 薄板と厚板の間に隙間があり，熱容量の小さい薄板のみが溶融した。
② 溶接トーチの狙いが適切でなく，厚板が溶融していない。

対策

① 薄板と厚板の密着性を確保するために仮付溶接を行い，十分に拘束する。
② トーチの狙い位置に気を付けて，溶融池が連続となるように溶接を行う。
③ 板厚が1.5mm以上の場合は，溶加材を入れて溶接すると隙間精度への許容範囲が広くなる。

適切な重ね溶接方法を**図2**に，良好なビード外観を**写真2**に示す。

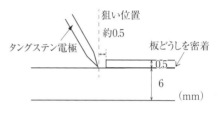

図2　適切な溶接方法

写真2　良好な溶接ビード外観［巻頭にカラー写真掲載］

(4) 自動高速溶接におけるビード形成不良

キーワード チタン自動ティグ溶接, ハンピングビード, 溶滴移行

事例

　高速自動ティグ溶接で重ねすみ肉溶接を実施した結果, 図1に示すように溶接ビードがハンピングビードとなり, ビード形成不良が発生した。溶接トーチを固定し, 表1に示す母材を走行台車に乗せ, 速度100cm/minで走行させ, 図2に示すように重ねすみ肉溶接を実施した。自動ティグ溶接条件を表2に示すが, ワイヤ送給速度は1.35m/min, 溶接電流は140Aで実施した。また, ワイヤ送給速度が速いので, 摩擦が生じないようにコンジットチューブは真直ぐになるように溶接トーチの高さとワイヤ送給装置の高さを調整した。

(a) ハンピングビード外観[巻頭にカラー写真掲載]　(b) ハンピングビード模式図

図1　ハンピングビード

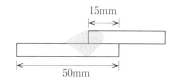

図2　重ね継手模式図

表1　チタン母材

規　格	純チタン2種 TP340
板サイズ	W50×L200×t1.0mm

表2　自動ティグ溶接条件

溶加材			電流(A)	電圧(V)	溶接速度(cm/min)	Arガス流量(ℓ/min)		
規格	径(mm)	送給速度(m/min)				トーチシールド	アフターシールド	バックシールド
STi0120	1.2	1.35	140	12〜15	100 (溶接トーチ固定)	8	40	20

原　因

　チタンの溶接にかかわらず，溶接速度が速くなるとアンダカット，さらに高速になるとハンピングビードとなる場合が多い。**図3**に高速度カメラで撮像した母材に落下する観察結果を示す。ワイヤから溶滴が発生し，溶着金属と落下した溶滴が母材と接する位置との間の距離が約3mmであることが認められた。溶滴がその距離を埋めることができなければ，溶着金属と溶滴が離れ，ハンピングビードになりやすい。その離れる要因は，**図4**に示すように溶滴が母材に落下して次の溶滴が落下するまでの時間（落下可能な溶滴の大きさになる時間）が約180ms程度要することに加えて，溶接速度が速いことが挙げられる。

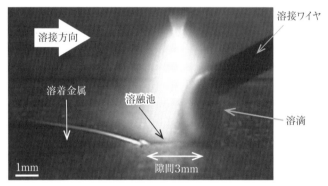

図3　溶滴の落下の観察結果［巻頭にカラー写真掲載］

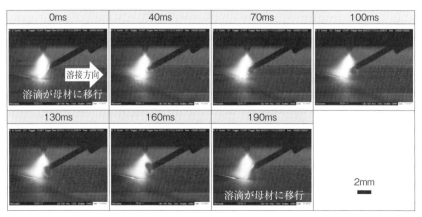

図4　高速度ビデオカメラによる溶滴移行の観察結果（撮影方向は溶接方向の法線方向）

［巻頭にカラー写真掲載］

対　策

①溶接条件からのアプローチ

　チタン溶接に関わらず，図5に示すようにハンピングビードを防止するためには溶接速度を遅くすることが重要である．溶着金属と落下する溶滴がつながるところまでが溶接速度の限界と考えられる．

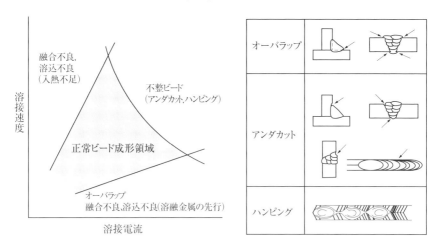

図5　ビード形成に及ぼす溶接条件の影響[1]

②溶接ワイヤからのアプローチ

　生産能率を上げて，良好な溶接を得るためには，小さい溶滴で離脱可能なチタン溶接ワイヤを使用する．図6(a)にそのワイヤの外観を示す．ワイヤの外観は従来のワイヤに比べ，黒色を呈している．黒色の要因はワイヤ表層が図7

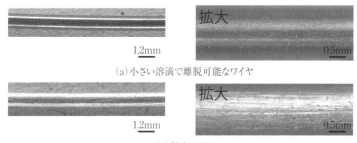

図6　チタン溶接ワイヤ外観（ワイヤ径φ1.2mm）〔巻頭にカラー写真掲載〕

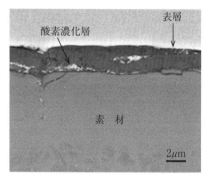

図7　小さい溶滴で離脱可能なワイヤの断面SEM観察

(a)小さい溶滴で離脱可能なワイヤの溶滴　　(b)従来ワイヤの溶滴
図8　落下直前の溶滴[巻頭にカラー写真掲載]

に示すように薄い酸素濃化層で覆われているからである。中の素材自身は低酸素のチタンで造られており，ワイヤの酸素量は規格を満足している[2]。また，このワイヤによる溶接金属の酸素量は高くならない。そのワイヤを用いると，図8に示すように小さい溶滴で離脱可能となり，図9に示すように溶着金属と落下した溶滴が母材と接する位置との間の距離がなくなり，確実につながるようになった。溶滴は図10に示すように約30msごとに母材に移行している。チタンの溶接ワイヤの表面の酸素濃化層が溶滴の表面張力を低下させたことが，溶滴サイズを小さくさせた要因と考えられる[3]。図11に溶接速度100cm/minの重ね継手のビード外観を示す。ハンピングビードがなくなり，良好な溶接が得られている。

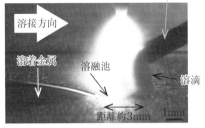

(a) 小さい溶滴で離脱可能なワイヤの溶滴移行位置　　(b) 従来ワイヤの溶滴移行位置

図9　小さい溶滴で離脱可能なワイヤの溶滴移行位置の観察結果［巻頭にカラー写真掲載］

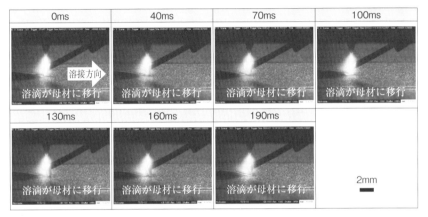

図10　高速度カメラによる小さい溶滴で離脱可能なワイヤの溶滴移行の観察結果
（撮影方向は溶接方向の法線方向）［巻頭にカラー写真掲載］

(a) 小さい溶滴で離脱可能なワイヤの溶接ビード　　(b) 従来ワイヤの溶接ビード

図11　チタン溶接ワイヤの溶接ビード

参考文献
1) 産業技術サービスセンター, 接合・溶接技術 Q & A 1000, p.721
2) 堀尾浩次, 南川裕隆, 山田隆三, 溶接技術, 53, (2005), p.103
3) 堀尾浩次, 中條屋真, 南川裕隆, 日本金属学会, 44, (2005), p.154

1.1.3 酸化（変色）

(1) 板突合せ溶接で裏面が酸化

キーワード 酸化, 発色, シールド, バックシールド, 変色

> **事　例**
>
> 　チタンティグ溶接を実施した際，表面は酸化変色が見られず良好であったが，裏面は**写真1**のように酸化変色が確認された。
>
> 　この事例は純チタン板2種 TP340（厚さ3mm）のティグ突合せ溶接を**表1**の条件で行ったもので，溶接ビード長さは100mm，開先形状はV形開先，ルート間隔は2mmであった。
>
> 　その結果表面は銀色であったが裏面の溶接部が酸化変色した。突合せ溶接部裏面を写真1に示す。裏ビードおよびその周辺には白い粉末が生成し，ビードの両側の熱影響部は外側から内側に向けて金色，紫，青白，暗灰色を示した。
>
> 表1　ティグ溶接条件
>
> | 溶加棒 | | 電流 | 電圧 | 溶接速度 | Arガス流量(ℓ/min) | | |
> |---|---|---|---|---|---|---|---|
> | 規格 | 径(mm) | (A) | (V) | (cm/min) | トーチシールド | アフターシールド | バックシールド |
> | STi0120J(YTB340) | 2.0 | 90 | 11 | 14 | 10 | 20 | － |
>
>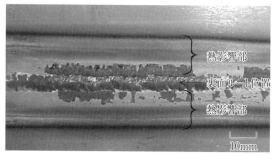
>
> 写真1　突合せ溶接部裏面[巻頭にカラー写真掲載]

原　因

　本トラブルの原因は裏面のシールド（バックシールド）を行わなかったため，高温になった裏ビードが酸化したものである。

　チタンの溶接部は酸化するとチタン酸化皮膜の光干渉作用により，発色して見える。その色はチタン酸化皮膜の厚さにより変わり，皮膜が厚くなるに従い，銀色から金色(麦色)，紫，青，青白，暗灰色，白，黄白，と変化し，さらに酸化が激しいときは白色の酸化チタン粉末が生成する。（その詳細は基礎編 3.3.2 項(1)（b)参照）

　酸化皮膜の表面および断面の EPMA・EDX による Ti，O，N の分布状況を**写真2**，**図1**に示す。この測定結果により皮膜の成分はチタンの酸化物であることが確認された。

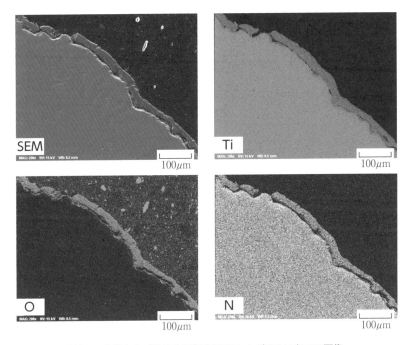

写真2　皮膜および溶接金属部のSEMおよびEPMA(EDX)画像

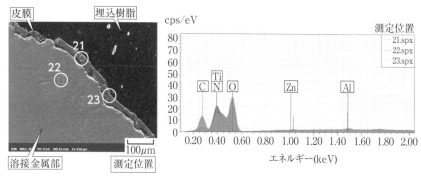

Spectrum	C	N	O	Al	Ti	Zn
21.spx	0.43	0.00	13.81	0.04	85.09	0.64
22.spx	0.26	0.63	0.00	0.00	98.98	0.14
23.spx	2.94	0.00	15.03	0.27	80.92	0.85
Mean	1.21	0.21	9.61	0.10	88.33	0.54
Sigma	1.50	0.36	8.35	0.14	9.45	0.37
SigmaMean	0.87	0.21	4.82	0.08	5.46	0.21

図1　酸化膜および溶接金属部の成分値（wt%）

対　策

バックシールドを行う。

チタンの溶融溶接を行う場合は溶接部と熱影響部を酸化から守るためにシールドを行う。通常トーチの後ろに取り付けるアフターシールドジグと溶接部裏面を酸化から守るバックシールドジグである。[基礎編 3.2.2 項(3), 3.2.3 項(2)(c), (d), (e)参照]。突合せ溶接の場合は，必ずバックシールドを行う必要がある。

バックシールドを行った溶接条件を**表2**に示す。使用した溶加棒は表1と同じである。バックシールドジグを用い，表2に示す条件で溶接した結果，銀色の良好な溶接部が得られた。対策後の溶接部裏面を**写真3**に示す。

表2　バックシールドを行ったティグ溶接条件

溶加棒		電流(A)	電圧(V)	溶接速度(cm/min)	Arガス流量(ℓ/min)		
規格	径(mm)				トーチシールド	アフターシールド	バックシールド
STi0120J (YTB340)	2.0	90	11	14	10	20	20

第1章 チタンの溶接トラブル　47

200mm

写真3　バックシールドを行った突合せ溶接部裏面

(2) ティグ溶接時の溶接始端と終端における酸化

キーワード 酸化, 発色, シールド, プリフロー, アフターフロー

事例

純チタン板2種 TP340(厚さ 2mm)を**表1**の条件で突合せ溶接した結果, 表側, 溶接始端部と終端部に著しい酸化・発色を生じたため, 変色判定で不合格となった。

開先形状は V 形(角度 90 度), ルート間隔は 0mm であった。

表1 ティグ溶接条件

溶加棒		電流	電圧	溶接速度	Ar ガス流量 (ℓ/min)		
規格	径 (mm)	(A)	(V)	(cm/min)	トーチシールド	アフターシールド	バックシールド
STi0120J (YTB340)	2.0	90	12	15	13	13	11

溶接部表側の酸化発色の状態を **写真1**に示す。

溶接長さは約 200mm であり, 始端部と終端部に著しい発色がみられる。一部にチタン酸化物による白色粉末が見られた。始端部と終端部を除く中間部分の発色は容認しうる範囲であった。

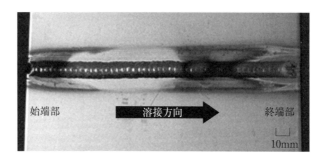

写真1 始端部と終端部に著しい酸化発色したチタンティグ溶接部[1] [巻頭にカラー写真掲載]

原　因

　溶接始端部と終端部に酸化・発色を生じたのは，①溶接開始時前に行うシールドガスのプリフローおよび溶接終了時のアフターフローを十分に実施しなかったことが主原因である。[基礎編 3.2.3 項(1) p.178 参照]。さらに②タブ板がなかったため空気巻込みが発生した。

　チタンティグ溶接の場合トーチシールドに加え，アフターシールドおよびバックシールドが必要である。この３系統は別に配管されており，個別にガスの開閉を行う。アフターシールドガスとバックシールドガスは通常手動で行い，溶接作業時には流したままになっていることが多い。トーチシールドガスはアークスイッチと連動して自動でON/OFFする。[基礎編3.2.3項(2)p.180参照]

　アークがスタートするのと同時にシールドガスが流れ始める設定の場合は，空気が十分に排除される前に溶接部の温度が高温になり，著しい酸化を生じる。また，アークを切った後すぐシールドガスを止める，あるいはアークを切った後すぐにトーチを溶接部からはずした場合は，まだ高温状態にある溶接部が空気に触れて酸化を起こし発色する。酸化が著しいときは白色または黄色のチタン粉末を生じることがある。

　今回はプリフローおよびアフターフローの時間設定をしなかった。すなわち設定時間が０秒であった。このため，溶接開始時にトーチ下の空気が排除される前にアークが発生しチタンが加熱され酸化が発生した。溶接途中はトーチシールドおよびアフターシールドのアルゴンが溶融部および熱影響部の空気を遮断し酸化発色はほとんどなかった。終端部においてはアーク電流が切れるのと同時にトーチおよびシールドジグを外したので高温のクレータ部やその周辺部が酸化発色し，一部は白色のチタン酸化物の粉末を発生したものである。

対　策

　チタンティグ溶接において始端部および終端部の酸化発色トラブルを防ぐ対策としては，①溶接始端部と終端部をできるだけ製品にしない，②空気の巻き込みを防止する，の２点を考慮する。すなわち(1)溶接の始端部と終端部にタブ板をつけ，溶接後タブ板を切り外す，(2)パイプの周溶接のようにタブ板が設置できない構造のときは，トーチシールドのプリフローおよびアフターフロー時間を設定する，(3)アルゴン置換チャンバー内で溶接する，などがある。

　プリフローおよびアフターフローでは溶接部が高温の状態で空気に触れない

ようにすることが目的である。アフターフローの間アークは出ていないが、トーチは動かさずに溶接部にとどめておく必要がある。[基礎編3.2.4項(6)図3.15参照]

　プリフロー時間とアフターフロー時間は溶接条件や要求品質によって異なる。板厚が厚い、溶接電流が高い、要求される溶接品質が高い、などの場合は長くなり、逆の場合はプリフロー時間、アフターフロー時間は短い。基本的に溶接部温度が350℃以上では空気に触れないように設定する。今回の場合、プリフロー10秒、アフターフロー20秒と設定して同じ溶接を行った結果を**写真2**に示す。始端部および終端部の異常な酸化による発色はなく銀色であった。プリフローおよびアフターフローの設定は溶接電源のパネルで行う。パネルの一例を**写真3**に示す。

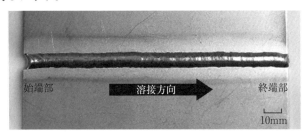

写真2　プリフローとアフターフローを行ったチタンティグ溶接部[巻頭にカラー写真掲載]

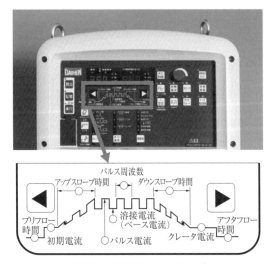

写真3　溶接電源パネルの例[1]

アルゴン置換チャンバー内ではアルゴンで満たされているので溶接の始端部および終端部だけでなく溶接中も酸化の心配がない。[基礎編 3.2.3 項(2)(b)参照]

さらに，溶接部の端部において図1のように段差ができるとシールドジグを用いていてもシールドが不完全になることがある。段差を解消するために図2のようにタブ板を置くことが有効である。

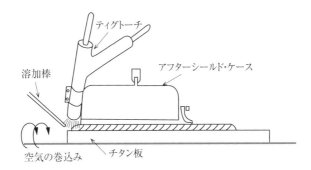

図1　段差における空気の巻込み

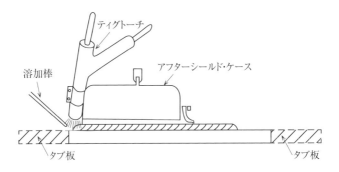

図2　溶接端部におけるタブ板

参考文献
1) ダイヘンホームページ (http://www.daihen.co.jp/products/welder/tig/t500p.html)

(3) 小径管造管時に溶接部が酸化

キーワード 管溶接, アフターシールド, シールド不良

事例

純チタン溶接管 TTH340 (外径25.4mm, 厚さ0.5mm) の縦シーム部を管の外側からティグ溶接した際, トーチシールド, アフターシールド, バックシールドを実施していたにもかかわらず, シールド不良で溶接部が酸化した。

その際の溶接ビード外観を**写真1**, 溶接条件を**表1**に示す。

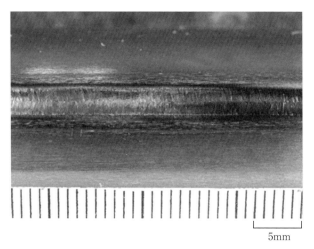

写真1 シールド不良溶接ビード外観 [巻頭にカラー写真掲載]

表1 ティグ溶接条件

溶加材		電流 (A)	電圧 (V)	溶接速度 (cm/min)	Arガス流量 (ℓ/min)		
規格	径(mm)				トーチシールド	アフターシールド	バックシールド
STi0120J (YTW340)	1.6	80	15	200	20	40	15

原　因

　チタンの溶接を行う際は，溶接ビードの酸化防止のため，溶接部の温度が350℃以下に下がるまでシールドガスで溶接部をシールドする必要がある。管の縦シームを管の外側から溶接する際，管の曲率に合った適切なシールドジグなどが用いられていないと，シールドガスを供給していても，小径管では曲率が大きいため，**図1**のように管の外壁に沿ってシールドガスが散逸したことが原因である。

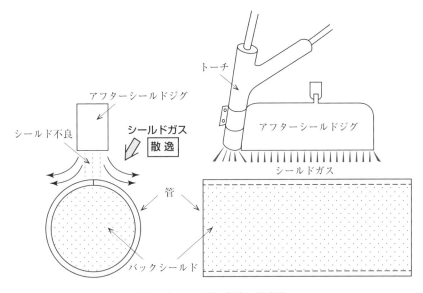

図1　シールドガス散逸の模式図

対　策

　対策としては，管の曲率にあったシールドジグを用いて，溶接後の溶接部を適切にシールドする必要がある。その方法の一例として，**図2**のようにアフターシールドジグにスカートを取付け，シールドガスを溶接部へ滞留させる方法がある。

　また，シールドガスの流量の管理も重要である。流量が多いと乱流を起こし，空気などの巻込みの原因となる。シールドガスが溶接部に均一に緩やかにいきわたるように，十分なプリフローを行った後，適切な流量によって溶接を行う必要がある。良好なシールドによる溶接ビード外観を**写真2**に示す。

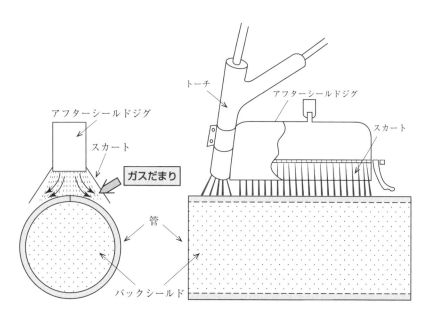

図2　ガスだまり形成の模式図(対策)

写真2　良好な溶接ビード外観[巻頭にカラー写真掲載]

(4) 熱交換器の管板シール溶接で溶接部が酸化

キーワード シール溶接, 管端溶接, 酸化, シールドガス, 熱交換器

事　例

　チタン製熱交換器の管と管板との溶接（管端溶接）において，チタン板の長手溶接や胴の周溶接などで使用するアフターシールドジグを取り付けてティグ溶接を行ったところ，溶接部および管内表面が酸化変色した。

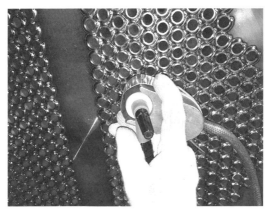

写真1　アフターシールドジグを取り付けた管板シール溶接

原　因

　チタン板の長手溶接や胴の周溶接などでは，トーチシールドに加えアフターシールドジグ［基礎編 3.3.1 項図 3.10 参照］を取り付けて溶接することが一般的である。

　しかしながら，熱交換器の管と管板との溶接などのような局所的な溶接を行う場合，トーチシールドガスが乱されて溶接部表面が酸化することがある。また，管内にバックシールドガスを流した場合でもトーチシールドガスが乱される原因になることもある。

　シールドガスは適正量を流すことが重要であり，単に多く流せば良いというわけではない。多すぎると場合によっては流出部で気流が乱れて空気を巻き込むことがある。

対 策

外径25mm以下の管と管板との溶接にはアフターシールドジグおよびバックシールドジグは使用しないようにする。その代わりにトーチノズルはガスレンズ付きノズルを使用し，トーチキャップサイズも19mmなどの大き目のものを使用する。

また，管内面のシールドは**図1**および**写真2**のように，管内径から0.5～1.0mm小さめのステンレス製丸棒を管内に挿入し，冷し金兼シールドジグとする。(冷し金と管の隙間にトーチシールドガスが流入するようにする)

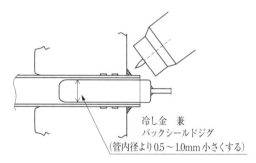

図1　冷し金の参考図[1]

写真2　冷し金の使用例

参考文献
1) 日本チタン協会, チタンの加工技術, 日刊工業新聞社 (1992), p.127, 4.6節

(5) レーザ溶接によるビード酸化

キーワード レーザ溶接(YAG),酸化,シールドボックス

事 例

　純チタン2種TP340(厚さ3mm,幅50mm,長さ50mm)をルートギャップ0のI形開先の突合せ継手にして，バックシールドなしでトーチシールド(レーザの集光と同軸のφ10mmのノズルからアルゴンを20ℓ/min)のみでYAGレーザを用いて溶接した。その結果，**写真1**に示すようにビードが表裏とも酸化(白色化)した。**表1**に本件の溶接条件を示す。

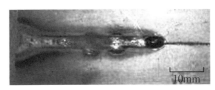
表面

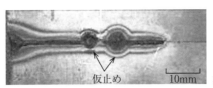
裏面

写真1　溶接して酸化したビード［巻頭にカラー写真掲載］

表1　レーザ溶接条件

溶加棒	レーザ照射条件					溶接速度 (cm/min)	Arガス流量(ℓ/min)		
	出力 (kW)	焦点位置	集光径 (mm)	連続発振/パルス発振			トーチシールド	アフターシールド	バックシールド
なし	2	試料表面	0.6	連続発振		150	20	−	−

原 因

　レーザ溶接はアーク溶接に比べて溶接速度が速く小入熱であるため，溶接部が急冷されるので，アフターシールドが不要と判断したが，直径10mmの同

58　　第1部　トラブル事例と対策

軸ノズルによるシールドのみではビードが酸化（白色化）した。基礎編3.3.2項
(1) によると，溶接部は温度が350℃までアルゴンなどでシールドしない場合
には酸化のおそれがあるとされているが，これはレーザ溶接でも例外ではない。

　そこで，基礎編2.1.2項表2.1に記されたチタンの各種物性値や表1の溶接条
件から，レーザが照射された部分が350℃に冷却される時間を算出すると，冷
却時間が1.6秒である。

　本件では溶接速度が150cm/min（25mm/s）であり，φ10mmのシールドガ
スノズルはレーザと同軸で移動するため，1.6秒後には40mm先をシールドし
ており，レーザ溶接部が350℃に冷却されるまではシールドされていない。そ
のため，ビードが酸化（白色化）した。

対　策

　ビードの酸化は，トーチシールドのみでは溶接ビードが外気から十分に遮断
されていないときに起きる。したがって，アーク溶接と同様にアフターシール
ドやバックシールドという形での局部シールドによる改善が実用的な対策であ
る。文献によると，幅40mm×長90mmをカバーできる連装ノズル型のトレー
ラーをアフターシールドとして用い，裏ビード全体にバックシールドを用いて
レーザ溶接を実施して良好な溶接結果を得ている[1], [2]。(**写真2**)

　なお，文献[1]の溶接条件からレーザ照射部が350℃に冷却される時間を計算
すると，約2.4秒であった。文献の溶接速度では，2.4秒でトーチが進む距離
は約20〜60mmであり，40mm幅×90mm長のアフターシールド部で十分に
シールドできているため，ビードが酸化しない溶接が可能である。

　アフターシールド＋バックシールド方式は簡易的である反面，セッティング
次第ではシールドが不十分になり，シールド部へ大気成分のコンタミネーショ
ンを許す場合があるため，より確実にシールドできる別の方法として，溶接部
を包み込めるシールドボックスを用いて溶接を行った。**写真3**にその結果を
示す。

　表2に示した条件でガスを流し，酸素濃度を測定した結果を**図1**に示す。

　酸素濃度を数十ppmまで下げたシールドボックス内で表2の条件で溶接を
行った。その結果を**写真4**に示す。

　これらの結果より，シールドを強化することで写真4のような良好なレーザ
溶接ビードが得られた。

第1章 チタンの溶接トラブル 59

写真2 レーザ溶接用アフターシールドとバックシールドの例[1)]

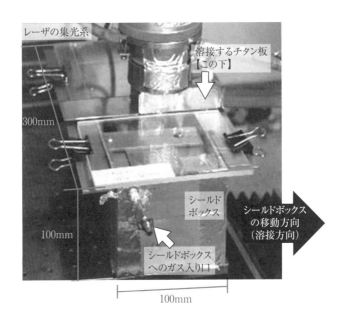

写真3 シールドボックスによるレーザ溶接のセッティング

このようにシールドボックス内の酸素濃度を数十ppm以下にすることによって，良好な銀色のビードを得られることが確認され，シールドボックスや置換チャンバ，真空チャンバなどで雰囲気を管理して溶接する場合には，酸素

表2　改良したレーザ溶接条件

溶加棒	レーザ照射条件				溶接速度(cm/min)	Arガス流量(ℓ/min)		
	出力(kW)	焦点位置	集光径(mm)	連続発振/パルス発振		トーチシールド	アフターシールド	バックシールド
なし	2	試料表面	0.6	連続発振	150	20	20	20

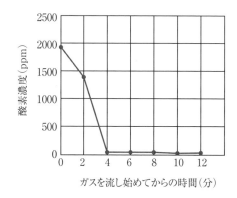

図1　試作シールドボックスの時間経過による酸素濃度のグラフ

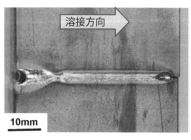

表面

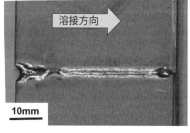

裏面

写真4　試作シールドボックスによるレーザ溶接結果［巻頭にカラー写真掲載］

濃度を数十 ppm 以下にすることが望ましい[3]。

　なお，シールドボックスのように厳密なシールドが必要でない場合やシールドボックス内での溶接が困難な場合，実用的な方法として，溶接部を広範囲にシールドできるアフターシールドを装着した溶接でも酸化の抑制は可能である。

参考文献
1）L. Aleksander, "Laser Welding of Titanium Alloy using a Disk Laser", URL：http://www.mech-ing.com/journal/Archive/2012/7/MTM/27_Lisiecki.pdf
2）Aleksander Lisiecki, "Welding of titanium alloy by Disk laser", Proceedings Volume 8703, Laser Technology 2012：Applications of Lasers; 87030T（2013）
3）堀尾浩次，杉山政一，チタン材のティグ溶接における溶接部の酸化色および諸特性に及ぼすシールドガス中の酸素濃度の影響　（独）産業技術総合研究所との共同研究成果より～その2～，チタン，vol. 55, No.4,（2007），p.276-279

1.1.4 溶接変形

(1)突合せ溶接時の角変形

キーワード 角変形,入熱,溶接速度,溶接変形,ショートビード,逆ひずみ

事　例

　純チタン板2種 TP340(厚さ3mm, 幅100mm, 長さ200mm)のV形開先(60°)の突合せ溶接を行った。3パスで仕上げたところ熱変形を起こし,溶接線に直角な方向にVの字に変形した。溶接後の角変形の状態を**写真1**に示す。また,その際の溶接条件を**表1**に示す。

写真1　突合せ溶接後の角変形

表1　ティグ溶接条件

パス	溶加棒 規格	溶加棒 径(mm)	電流(A)	電圧(V)	溶接速度(cm/min)	Arガス流量(ℓ/min) トーチシールド	アフターシールド	バックシールド
1	STi0120J (YTB340)	2.0	96.3	11.6	10	10	25	25
2		2.0	129	14.2	12	10	25	25
3		2.0	138	14.6	14	10	25	25

原　因

　本事例では,通常2パスのところを3パスと多パスで仕上げたため角変形が大きくなったと推定される。角変形はパスごとの角変形の和となる。
　チタンは普通鋼に比べ熱伝導率が小さいため[基礎編2.1.2項表2.1参照],熱が周囲に拡散しにくく,溶接時,入熱が大きく溶込みの大きい表面が溶込みの

少ない裏面より大きく熱膨張しようとする。しかし，拘束されているために表面には圧縮ひずみが生じ，拘束が解放されると収縮し変形する(写真1)。

図1に参考として，ビード溶接での軟鋼の角変形を示す。

角変形量はある入熱パラメータ(実効入熱を変更)のときに最大となり，その前後の入熱では小さくなる。ピークを過ぎると大入熱で板表裏の温度差が小さくなり収縮量の差が小さくなるためである。

今回の溶接では入熱量がピークの手前であったと推定される。

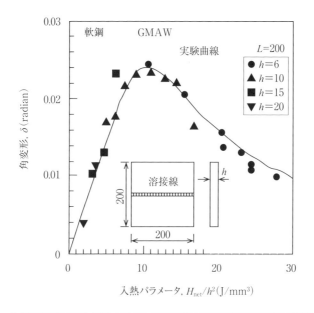

図1 ビード溶接での軟鋼の角変形(GMAW)[1]

対　策

①入熱過多による角変形を避けるため少ないパスで仕上げる。この場合3パス仕上げを2パス仕上げにし，常温近くに冷却した後拘束を外す。拘束を外す温度は，許容される変形量や生産性を考慮して決める。この方法は「角変形防止」や「アーチ状変形」の双方の対策として有効である。

②連続溶接せず冷ましながら溶接し，ひずみをためないようにする。すなわち，パス間温度が下がるまで次の溶接を待つ。

③ひずみ角度を予想し，その角度分の逆ひずみをつけて溶接する。物性値の差から逆ひずみの量はステンレス鋼より小さくする必要がある。この方法はしばしば採用され，作業は簡単で容易であるが，仕上がり精度は低い。

④この事例では図1の入熱量と角変形量が比例していた領域で行われたと考えられ，入熱を下げるため，a) ショートビードで溶接する，b) 溶接速度を上げる，c) パスあたり溶着量を少なくする，ことも有効である。

参考文献
1）溶接学会・日本溶接協会編，溶接・接合技術総論，産報出版（2015），p.256

(2) 突合せ溶接時の回転変形

キーワード 回転変形, 裏ビード, 溶込不良

事 例

純チタン板2種 TP340 の V 形開先（60°）突合せティグ溶接を行ったところ, 裏ビードの一部に未溶融部が発生した。

チタン板（厚さ 3mm, 幅 100mm, 長さ 200mm）の突合せ溶接をする際, 板の両端を簡単なタック溶接（仮付）のみで, 拘束せずに端から溶接を始めたが, 終端部分のルート間隔が狭くなり（2mm → 0mm）, 裏ビードの未溶融が発生した。

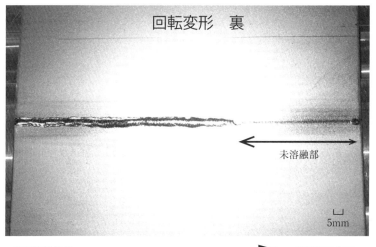

写真1　裏ビードの未溶融部 [巻頭にカラー写真掲載]

表1　ティグ溶接条件

パス	溶加棒 規格	径(mm)	電流 (A)	電圧 (V)	溶接速度 (cm/min)	Arガス流量 (ℓ/min) トーチシールド	アフターシールド	バックシールド
1	STi0120J (YTB340)	2.0	96.3	11.6	10	10	25	25
2			129	14.2	20	10	25	25

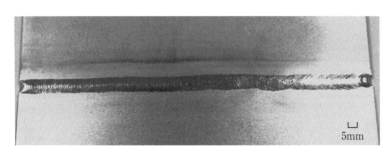

写真2　表ビード［巻頭にカラー写真掲載］

原因

　終端部のタック溶接（仮付）の強度が不十分なため，熱変形により開先が狭まり，裏ビードの未溶融が発生した（**写真1**）。
　普通鋼に比べチタンの場合，線膨張係数，熱伝導率[基礎編2.1.2項表2.1参照]が小さいため熱膨張による回転変形は小さくなるが注意は必要である。

対策

①仮付に十分な強度をもたせる。
②十分な拘束強度を与えるためタック溶接（仮付）の箇所を増やす。
③入熱の集中を防ぎ変形を小さくするために連続溶接せず，溶接順序（飛び石法など）を考慮する。
④あらかじめ溶接変形を見込み，溶接終了部側のルート間隔を調整する。

1.1.5 溶接作業トラブル

(1)自動ティグ溶接におけるチタン溶接ワイヤの座屈によるワイヤ送給停止

キーワード チタン溶接ワイヤ,ワイヤ送給,ワイヤ座屈,自動ティグ溶接

事例

　省人化を目的に，図1に示すように溶接ロボットとプッシュ式ワイヤ送給装置を用いて，自動ティグ溶接を実施した。溶接している途中，ワイヤ送給装置の送給ローラ部とコレットの間でチタン溶接ワイヤが座屈し，ワイヤの送給が停止した。チタン溶接ワイヤは純チタン2種ST0120J（YTW340），公称径1.2mmを使用していた。表1に示すTP340の板（厚さ1.0 mm，幅50，長さ200）を母材として用いて，図2に示すような下向き重ね継手を適用した。溶接条件を表2に示す。ワイヤ送給速度は1.2 m/minで設定し，コンジットチューブは長さ1.25 mのテフロンチューブを使用した。なお，テフロンチューブは金属チューブと比べて，ワイヤとの摩擦が少ないとされている。

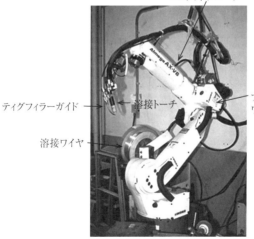

図1　溶接ロボットによる自動ティグ溶接

表1　チタン母材

規　格	純チタン2種 TP340
板サイズ	w50×L200×t1.0mm

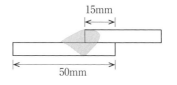

図2　重ね継手模式図

表2　自動ティグ溶接条件

| ワイヤ || 送給速度 (m/min) | 電流 (A) | 電圧 (V) | 溶接速度 (cm/min) | Arガス流量(ℓ/min) ||| コンジットチューブ種類・長さ |
規格	径(mm)					トーチシールド	アフターシールド	バックシールド	
STi0120J (YTW340)	1.2	1.2	120	12～15	40	10	30	20	テフロンチューブ 1.25m

原　因

　図3にワイヤ送給装置を示す。溶接ワイヤは送給ローラにより引き出され，コレットに挿入され，コンジットチューブを通る。そして，ティグフィラーガイドを通過し，アーク熱により溶融される。

　溶接ワイヤは送給中にコンジットチューブと接触し，摩擦抵抗が生じる。その摩擦抵抗が大きくなるとティグフィラーガイドから出てくるワイヤ送給が不安定(ワイヤ送給が瞬間停止)になる。一方，コレットの入口においては，溶接ワイヤは送給ローラにより，設定された送給速度でワイヤを一定に送り出され

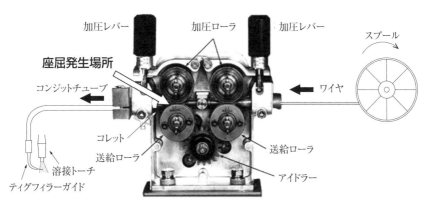

図3　プッシュ式ワイヤ送給装置

る。出口は停止，入口は送給となることより，送給ローラとコレットの間で座屈が生じたものと考えられる。

　送給速度が不安定になる要因は2つ考えられる。一つ目は軟らかい溶接ワイヤ(ワイヤ自身の引張強さが低いワイヤ)の使用によるもの，二つ目はコンジットチューブの曲がりの半径が小さいことが挙げられる。なお，曲がりの半径が小さいということは，曲がり具合が急であることを意味している。

　表3にワイヤ送給性に及ぼすワイヤ自身の引張強さの影響およびコンジットチューブの曲がりの影響の一例を示す。調査は溶接中，座屈が生じたワイヤ(ワイヤ自身の引張強さ500MPa)とそれよりも硬い溶接ワイヤ(ワイヤ自身の引張強さが高い650MPaワイヤ，800MPaワイヤ)で実施した。一方，コンジットチューブの曲がりについては**図4**に示すように座屈が生じていた曲がり半径100 mmの曲がりとそれよりも緩やかである曲がり半径500 mmの曲がりで送給性を調査した。ワイヤ送給速度，コンジットチューブの種類および長さは溶接と同様な条件とし，アークなしで送給性試験を実施した。

　コンジットチューブの曲がりの半径が小さい100mmの曲がりにおいて，ワイヤ自身の強度が低いワイヤは座屈が発生し，一方，ワイヤ自身の強度が高いワイヤは座屈が発生しなかった。また，コンジットチューブの曲がりが緩やかな曲がり半径500mmにおいては，ワイヤ自身の強度が低いワイヤも座屈しな

表3　ワイヤ送給性に及ぼすチタン溶接ワイヤ自身の引張強さおよびコンジットチューブの曲がりの影響(一例)

コンジットチューブの 曲がり半径, 数	チタン溶接ワイヤ		
	引張強さ500MPa	引張強さ650 MPa	引張強さ800 MPa
100mm, 2個	座屈発生	座屈なし	座屈なし
500mm, 1個	座屈なし	座屈なし	座屈なし

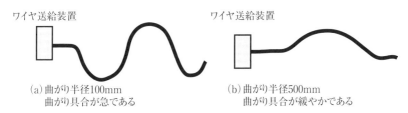

(a) 曲がり半径100mm　　　　(b) 曲がり半径500mm
　　曲がり具合が急である　　　　　曲がり具合が緩やかである

図4　コンジットチューブの曲がり模式図

かった。摩擦抵抗が少なくなったと考えられる。

対　策

自動ティグ溶接におけるワイヤ座屈によるワイヤ送給停止に対して，以下の対策が挙げられる。

- 溶接ワイヤは耐座屈強度の高い溶接ワイヤ（溶接ワイヤ自身の引張強さが高いワイヤ）を選択する。なお，純チタン2種STi0120J（YTW340）の強度が著しく強度が向上しているのは伸線加工（加工硬化）によるもので，成分元素によるものではない。
- 溶接ロボットの教示動作の確認時にコンジットチューブの曲がりも確認し，曲がりの半径が小さくならないようにする。曲がりの半径が小さいときはワイヤ供給装置の高さ・配置およびコンジットチューブの長さを調整すると良い。
- その他として，コンジットチューブ内の摩擦抵抗を和らげるため，溶接ワイヤのキャストは大きく，ヘリックスは小さいものを選択すると良い。

（注）
キャスト：スプールに巻かれていたワイヤから2巻きまたは3巻き切断して拘束をかけないで平面に置いた場合，広がったワイヤの輪の直径。（**図5**）
ヘリックス：スプールに巻かれていたワイヤから2巻きまたは3巻き切断して拘束をかけないで平面に置いた場合，その平面からワイヤの最大の立ち上がり距離。（図5）

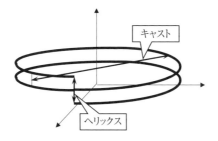

図5　ワイヤのキャストおよびヘリックス

(2) チタン製機器の補修溶接で水素吸収によるアークトラブル

キーワード 補修溶接, 水素吸収, アークトラブル

事例

化学工業分野で長時間使用された純チタン板2種 TP340 製機器をティグ溶接にて補修溶接をしようとしたところ, 正常なアークが発生せずにタングステン電極が激しく損耗し補修溶接が困難になった。

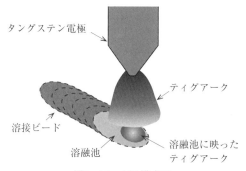

図1　アークの模式図

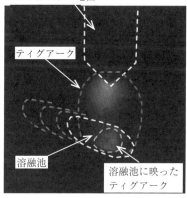

写真1　正常なチタン板のアーク写真
[巻頭にカラー写真掲載]

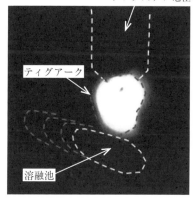

写真2　水素吸収したチタン板のアーク写真
[巻頭にカラー写真掲載]

原　因

　長時間使用により，チタン材が水素を吸収し正常なアークが発生せずにアークトラブルが発生した。

　アーク溶接による補修溶接が困難になった現象を再現するために，水素を吸収したチタン板と，水素を吸収していないチタン板に同じ溶接条件で溶加棒を加えずにティグ溶接を行い，アークの挙動を比較した。**写真3**に水素吸収した試験板の連続写真を示すが，アークの大きさは不安定で明るさも強弱が激しい。これに比べて**写真4**に示す水素吸収のない試験板の場合，アークは大きさも明るさも安定している。

　この結果より，水素を吸収した板では，吸収した水素が溶接中に放出され，アークの挙動を不安定にしていることが考えられる。

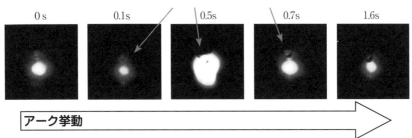

写真3　水素吸収したチタン板のアーク写真

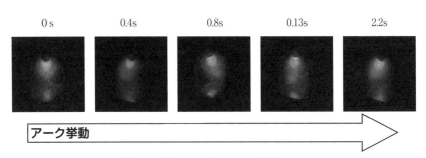

写真4　正常なチタン板のアーク写真

なお，水素が吸収する理由は，使用される環境によってチタンの腐食反応により，チタン上で水素発生反応が起こり，その一部が金属内に取り込まれることによる[1]。チタン材は水素を吸収し水素化物を析出しぜい化している場合がある。水素吸収機構を**図2**に示す。

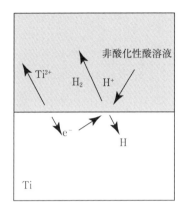

図2　非酸化性酸溶液中における水素吸収機構[2]

対　策

水素を吸収したチタン機器を補修溶接する場合は，600℃以上で真空脱ガス処理を行い脱水素してから補修溶接を行うか，真空脱ガス処理が困難な場合は水素を吸収してぜい化した部分はすべて除去し，新しい材料を入れてから補修溶接を行うことが望ましい。

その場合，水素含有量が600ppm以下であれば一般的に正常なアークが発生すると考えられる[3]。

参考文献
1) エヌ・ア・ガラクチオーノワ, 金属内の水素, p.117
2) 日本チタン協会, チタンの加工技術, 日刊工業新聞社, p.215, 図6-22
3) 産業技術サービスセンター, 接合・溶接技術 Q&A1000, Q2-3-20

1.1.6 着 火

(1) 溶接火花がチタンくずに飛び火災

キーワード 切削くず, チタンくず, 微粉, 活性金属, 金属火災用消火器, 消火砂, 窒息消火, 火災, 着火, 燃焼

事 例

純チタンを機械加工した際に発生した切削くずをドラム缶に入れて保管していたが、ドラム缶にフタがされていなかった。保管場所の2階で溶接作業を行った際に溶接の火花が1階に置いてあったドラム缶に入り、切削くずに着火し、火災に至った(**図1**)。

図1　発生した状況

原 因

チタンの切削くずは着火の恐れがあるにも関わらず、火気にさらされる可能性のある状態、場所で保管されていた。チタンは活性金属であること、切削くずの中に着火しやすい表面積が大きな微粉状のくずが含まれていたこと、溶接作業による多数の火花が切削くずの容器に入ってしまう状態で切削くずが保管されていたことが重なったため、着火、火災に至った。

なお、一般的に金属の微粉は燃焼しやすく、本事例のように堆積した状態でも着火源と酸素の供給があれば燃焼の危険性がある。特にチタンはその熱容量と熱伝導率から着火による温度上昇、蓄熱が起こりやすいため、注意が必要である。

また，本事例とは異なるが，チタン，アルミニウム，マグネシウムのような比較的軽い(密度の小さい)金属の微粉に関しては，移送，ふるい，集じんなどの作業にともない浮遊粉じんとなり，爆発することもある。つまり，「微粉が空気中に浮遊・分散していること」，「浮遊粉じん濃度がある濃度(爆発下限界)以上であること」，「十分なエネルギーとエネルギー密度をもつ着火源が存在すること」の条件が満たされれば，粉じん爆発が起こり得るということを認識しておかねばならない。以下の**表1**に軽金属の爆発危険特性を示す。

表1　チタンなどの爆発危険特性(文献値)

粉じんの種類	粒子径(μm)	爆発下限濃度(g/m^3)	引用文献
アルミニウム	22	30	1)
マグネシウム	28	30	1)
マグネシウム	240	500	1)
チタン	<74	45	2)
チタン	30	45	3)
チタン	240	500	3)
チタン	<150	60	4)
チタン	<45	60	4)

1) 労働省産業安全研究所：可燃性粉じんの爆発圧力及び圧力上昇速度の測定方法，RIIS-TR-94-1 (1994)
2) J.M.Kuchta, Bulletin 680, Bureau of Mines, U. S. Department of Interior, p.48 (1985)
3) Ronald Pape, Frederick Schmidt: Combustibility Analysis of Metals, Advanced Materials & Processes, Vol.167, Nov.2009 (ASM International)
4) Simon Boilard: Explosibility of Micron-and Nano-Size Titanium Powders, Dalhousie University Halifax, Nova Scotia, February 2013

対　策

①切削くずの保管には溶接などの火花が飛来しても損傷しないドラム缶などを用いる。また火花が飛来してもくずの中に入らないようフタができるものとし，保管時は常時フタをする。(**図2**)
②ドラム缶の保管場所付近で溶接作業などの火種，火気が発生する作業を行う際は，これらの火種，火気からチタンくずのドラム缶を十分離す。
③チタンくずの保管場所には金属用消火器または消火砂を設置し，万が一，火災に至った場合は，これらで初期消火する。
※チタンの燃焼に対する消火の際の注意点

燃焼の3要素として,「可燃物」,「酸素」,「高温」が挙げられこれらがそろった場合に燃焼が継続される。一般的には水をかけて温度を下げることで消火が行われるが,チタンの場合は水をかけるのは厳禁である。燃焼状態のチタンは水と反応して水素を発生し,水素爆発が起こることがあるからである。また,水素爆発が起こらなくても,水によって燃焼状態のチタンが流されて火が広がる可能性がある。したがって,チタンの消火には「酸素」を遮断する窒息消火が有効である。

また,燃焼中のチタンは反応性が高く,多くの物質と反応して燃焼する。例えば気体の場合,炭酸ガス(CO_2)や窒素ガスとも反応する。つまり炭酸ガスからは酸素を奪って反応し,窒素ガスとは窒化チタンとなる反応が進む。したがって,炭酸ガスや窒素ガスを消火剤として使ってはならない。

チタンの燃焼に対する消火剤として推薦できるのは,塩化ナトリウム(NaCl=食塩),塩化カリウム(KCl),などの塩,および乾燥した砂(**写真1**)である。金属火災用消火器(**写真2**)は上記の塩類を主成分とした消火剤を使用しており,チタン火災の消火に有効である。一般的なABC粉末消火器は火災をさらに激しくするし,水素爆発の恐れがあるので,使用してはならない。また,炭酸塩系消火剤の金属火災用消火器も使用してはならない。

前述の通り,乾燥した砂も消火剤として有効である。燃焼しているチタンの上から空気を遮断するように掛ける。ただし,砂は川砂を使い,海砂を使ってはならない。海砂中に含まれる海塩は塩化マグネシウム(にがり)を含んでおり,砂の長期保存の間に空気中の水分を吸収するからである。

図2　切削くずの保管状況

写真1　消火砂

写真2　金属火災用消火器
[巻頭にカラー写真掲載]

(2) チタン管群の溶断作業による管の燃焼

キーワード 金属火災用消火器, 消火砂, 窒息消火, 火災, 溶断, 燃焼, 熱交換器, チタン管

事 例

　純チタン溶接管2種 TTH340 を使用した多管式（シェル＆チューブ式）の熱交換器の外筒（鋼製）をガス溶断して解体作業を行っていたところ，内部に多数本を束ねて設置されていたチタン管が燃焼した。なお，熱交換器に使用されていたチタン管は直径 25.4mm，厚さ 0.5mm，長さ 810mm であった。

図1　熱交換器の溶断作業

原 因

①ガス溶断などにより，チタンの融点（1,668℃）を超える温度になっていた。
②熱交換器であったため，薄肉チタン管が多数密集して結束されたような状態になっていた。
③ブロアーによる送風，または強い自然風または"煙突効果"による風の流れにより，燃焼箇所に空気（酸素）が積極的に供給されていた。

　以上の3条件がすべてそろい，チタンが燃焼しやすい条件になったことから，チタン薄肉管群が継続的に燃焼した。

78　第1部　トラブル事例と対策

対　策

①多管式の熱交換器のように，多数のチタン管が密集して結束されたものを解体する際は，ガス溶断などの熱的な切断方法を用いない。

　　つまり，ノコなどの機械加工を用いて，水冷するなど温度を上げないように切断する。また，内部のチタン管は機器から抜管してから機器の外側で切断する。

②チタン製熱交換器などの解体撤去品の管を小さく切断する場合でも，多くの本数をまとめて熱的な切断方法で切断しないで，ノコなどの機械加工で切断する。

③チタン製プレート式熱交換器の場合も，多管式の熱交換器と同様にガス溶断するとチタン板が燃焼する恐れがあるので，前述と同様に温度が高くならないように機械加工を用いて解体するよう心掛ける。

④熱交換器の設置場所では，念のために適切な消火器を初期消火（延焼防止）のために手元に置いておく。もし火災が発生した際の消火に関しては，以下の事項に注意して行う。

※ 1.1.6(1)参照。

1.2 溶接部の割れ

1.2.1 継手溶接

(1)突合せ溶接部の曲げ試験後の割れ

キーワード 曲げ, 割れ, 露点, シールドガス配管

> **事 例**
>
> 純チタン板2種 TP340（厚さ3mm, 幅100mm, 長さ200mm）のV形開先（60°）での突合せティグ溶接を実施した。ビード表面は良好であったが, 表裏の試験片（幅40mm）それぞれのビード表面を研磨, 平滑にして板厚の4倍の半径（4tR）で曲げを行ったところ曲げ方向に直角で微小な割れが表裏ともに溶接金属部に検出された。
> 表側の割れの状況を**図1**に, また溶接条件を**表1**に示す。

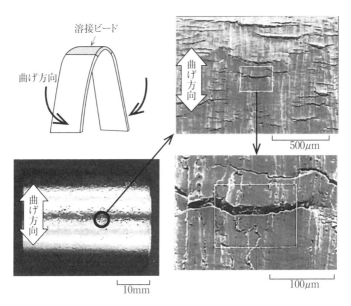

図1 突合せ溶接部研磨後の表曲げ(4tR)での割れ

80 第1部 トラブル事例と対策

表1 ティグ溶接条件

| パス | 溶加棒 | | 電流 (A) | 電圧 (V) | 溶接速度 (cm/min) | Arガス流量(ℓ/min) | | |
	規格	径 (mm)				トーチシールド	アフターシールド	バックシールド
1	STi0120J (2種)	2.0	100	12	―	10	25	25
2		2.0	130	14	―	10	25	25

原 因

　トーチ側のシールドガスの露点が-38℃と上昇していたため（ボンベ出口では-70℃），シールドガスに含まれた水分が酸素，水素に分解し，溶接金属中に溶込み延性が低下し曲げ割れが発生したと推定される［基礎編 3.1.2 項図 3.5 参照］。

　この露点の上昇は溶接実施前に，ボンベ直後にある圧力計を校正する際，水圧で校正したため，水分の残留があったためと推定される。

対 策

　対策として以下があげられる

①シールドガスのトーチ出側の露点を極力低く保つ（例えば-50℃以下）。

②シールドガス圧力計の校正には水圧を用いないこと，やむを得ない場合は完全に乾燥させる。

③シールドガスにはガス供給配管でのコンタミネーションリスクを考慮しJIS 1 級　露点-65℃以下が推奨される。［基礎編 3.3.1 項（6）表 3.1 参照］

④シールドガス配管にはさびなど不純物の残留や発生がないようにすること。また配管から溶接ジグへの接続ホースはテフロン系が推奨される。

⑤溶接前にシールド部分の十分なガス置換を行う。

(2) チャンバー内のガス純度不良による曲げ試験時の割れ

キーワード チャンバー内溶接, アルゴン純度, 曲げ割れ

事例

　純チタン板2種 TP340 (厚さ 3mm, 幅 150mm, 長さ 200mm) をチャンバー内で自動ティグ溶接により, 表1に示す条件にて突合せ溶接を実施した。チャンバー内は純アルゴンでガス置換した。溶接後の溶接ビードの外観は写真1に示すように良好であった。しかし, 溶接継手の表曲げ試験を実施すると, 図1に示すようにビード止端部(トウ部)に割れが生じた。ここでの曲げ試験は余盛付きで行い, 曲げ半径は 12mm とした。

写真1　溶接ビード外観 [巻頭にカラー写真掲載]

表1　自動ティグ溶接条件

パス	溶加棒 規格	径(mm)	電流(A)	電圧(V)	溶接速度(cm/min)	Arガス流量 トーチシールド	アフターシールド
1, 2	STi0120J	1.2	90	13	10	−	−
3			100	13	10		

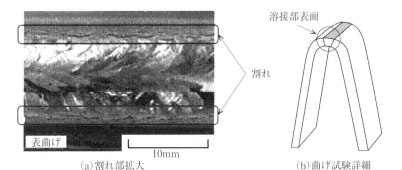

(a) 割れ部拡大　　　　　　　　(b) 曲げ試験詳細

図1　曲げ試験後の溶接止端部(トウ部)割れの発生状況

原　因

　チタンは活性金属であるため，350℃以上の温度で空気にさらされると酸化が進行するため，溶接部をシールドガスで覆って溶接を行う。純アルゴンで置換したチャンバー内の酸素濃度を変えて溶接したときにチャンバー内の酸素濃度と溶接して得られた溶接金属中の酸素量の関係を**図2**に示す。チャンバー内の酸素濃度が増加すると溶接金属の酸素量も増加する傾向にある。溶接金属の硬さも，**図3**に示すようにチャンバー内の酸素濃度が増加すると上昇する傾向にある。

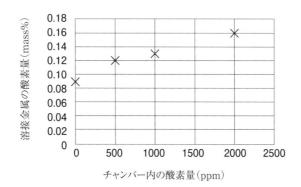

図2　溶接金属の酸素量に及ぼすチャンバー内の酸素濃度

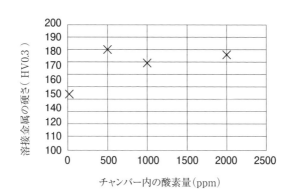

図3　溶接金属の硬さに及ぼすチャンバー内の酸素濃度

曲げ試験における割れの原因としては，チャンバー内のアルゴン純度が不十分で雰囲気中の酸素や窒素の影響を受け，溶接金属の硬さが上昇して，溶接金属と母材の硬度差が大きくなりさらに余盛りがあることによりビード止端部にひずみが集中し，曲げ割れが発生したと考えられる。

対　策

本事例の対策として，良好な曲げ特性が必要となる場合は，チャンバー内のアルゴン純度は99.99％以上（露点-50℃以下：基礎編3.3.1項（6））とすることを推奨する。その具体的な方法として，チャンバー内をあらかじめ高真空まで排気してからアルゴンで置換する。以上のような対策を実施したところ曲げ試験において，**写真2**に示すように割れがなく，良好な結果が得られた。

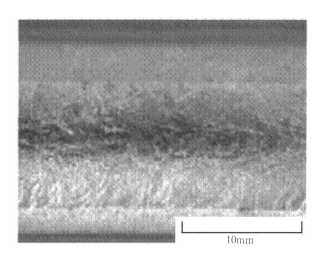

写真2　曲げ試験後の溶接ビード外観[巻頭にカラー写真掲載]

参考文献
1) 堀尾浩二，杉山政一，チタン材のティグ溶接における溶接部の酸化色及び諸特性に及ぼすシールドガス中の酸素濃度の影響，チタン，vol.55, No.4, p.20-22

(3)造管ラインの矯正時に溶接部で割れ発生

キーワード　ティグ溶接,造管溶接,シールドガス,コンタミネーション,融点

事例

　チタンパイプ造管ラインのティグ溶接後,外観ビードは良好であったにもかかわらず矯正中に割れが発生した。

　チタンパイプの造管は,**図1**に示すティグ溶接造管工程で行い,シールドガスとしてアルゴンを用いた。溶接条件を**表1**に示す。

　なお,チャンバー内はアルゴンで充満した状態で完全にシールドし,トーチシールドのみで造管溶接を行った。

　チタン材をノンフィラーでティグ溶接すると,溶接部の表面変色はなく,銀色をしているので,外観検査では良好と認められたが,矯正加工を行ったところ,溶接金属部に割れが生じた。

　パイプの内面は,成形の最終工程でチャンバー内にアルゴンが挿入され完全にシールドされている。溶接部の表面は,**写真1**に示すように外観上表面変色がなく銀色をしていて,外観ビードは良好であったが,真円度矯正中に溶接部に割れが生じた(**写真2**)。

図1　ティグ溶接造管工程

表1　ティグ溶接条件

板厚 (mm)	管径 (mm)	電流 (A)	速度 (cm/min)	トーチ シールド (ℓ/min)	シールド ボックス (ℓ/min)	溶加材	電極突出 し長さ (mm)
1	25.4	170	75	20	27.5	ノンフィラー	1.5

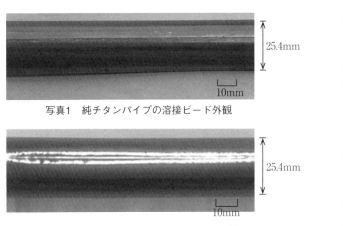

写真1　純チタンパイプの溶接ビード外観

写真2　真円度矯正中に溶接部表面に生じた割れ

原　因

　露点を測定した結果，トーチ出口で−35℃，チャンバー入口で−40℃であり，そのため溶接金属中の酸素，水素量が高くなって延性が低下したことが，矯正加工時の割れの原因と考えられる．［基礎編 3.1.2 項参照］

　チタン溶接の場合，トーチシールドが重要でトーチガスが不良でもアフターシールドがよいとビード外観部は表面変色がなく銀色を呈する．

　しかし，表面は美麗でも，チタンではアルゴンの露点が−50℃以下が求められており，それよりも高くなるとシールドガスからの溶接金属への酸素，水素の混入リスクが高くなる．

対　策

　チタンのティグ溶接ではトーチ出口の露点を低めに管理して溶接金属への酸素，水素の混入を防止する．

　そのためには，下記①，②を同時に満足する必要がある．

①アルゴンは JIS K 1105 の 1 級を推奨する．
②配管設備においてコンタミネーション（汚染）を極力抑え露点を低く保つ．
　　［1.2.1 項(5)熱交換器用チタン溶接管の割れ参照］
などが挙げられる．

※ JIS Z 3253　水分量 40ppm 以下が規定されており，露点が−50℃以下に想定させる．

(4)ティグ溶接(Ar+H₂シールドガス)で溶接部に割れ発生

キーワード 水素,水素化物,割れ,混合ガス,水素ぜい化,シールドガス

事 例

　シールドガスに Ar + 10% H₂ を使用して,ティグ溶接により製作した溶接継手を曲げ加工した結果割れが生じた。

　ステンレス鋼の溶接で深溶込みを狙って用いられている Ar + 10% H₂ をシールドガスに使用して厚さ 3mm の純チタン 2 種 TP340 を,径 2mm の溶加材でティグ溶接した。ただし,アフターシールド,バックシールドに純アルゴンを用いた。

　図1 に開先形状,表1 に溶接条件を示す。

　溶接後のビード外観を写真1 に示す。ビード表面は両面ともに銀色になっており良好であった。

　しかし,溶接継手を半径 12mm(板厚の 4 倍)で曲げ加工した際,加工途上で溶接金属に割れが生じた。

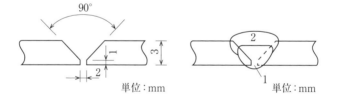

図1　開先形状および積層法

表1　ティグ溶接条件

溶加棒		電流(A)	電圧(V)	速度(cm/min)	入熱量(kJ/cm)	ガス流量(ℓ/min)		
規格	径(mm)					トーチシールド	アフターシールド	バックシールド
STi0120J (YTB340)	2.0	60〜70	10	10〜15	2.8〜3.6	Ar+H₂:10	Ar:27	Ar:27

第1章 チタンの溶接トラブル 87

写真1 溶接ビード外観

原因

純チタンの機械的性質に著しく影響を及ぼすのは、H、N、C、Oである。

ガス成分による溶接金属のじん性低下については(基礎編3.1.2項図3.6参照)に示すようにO、N、Hはじん性を低下させるが、特にHはチタンの水素化物を形成し、微量でも大きく低下させる。

チタンは高温で酸化されやすく、また高温になるとO、NおよびHの固溶度が大きくなる。水素がチタンの中に多量に入ると、硬化しHVが170程度高くなって、ぜい化が起こる（図2）。

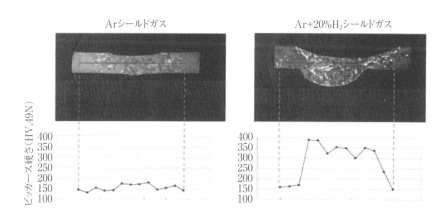

図2 純チタンの溶接金属への水素の影響

チタンをアルゴンに水素を添加した混合ガスを用い溶接すると、溶接部の表面変色もなく銀色となり、外観検査では良好と認められるが、機械試験を実施すると、溶接金属にぜい弱な水素化物 TiH_2 が生成するため、**図3** および **図4** に示すように絞り、伸びが大きく低下するため、曲げ試験で溶接金属に割れが生じる。

したがってシールドガスに炭酸ガスや水素、酸素ガスを添加したシールドガスを用いたマグ溶接はチタンの溶接には用いることができない。

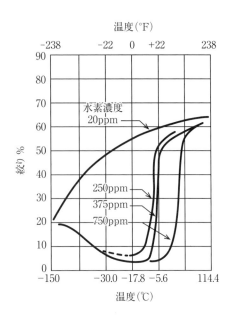

図3 純チタンの延性に及ぼす水素の影響[1]

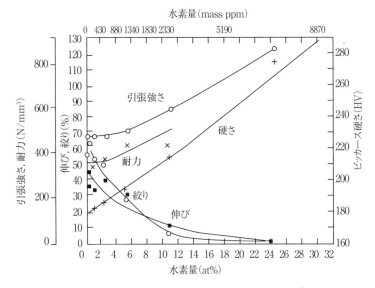

図4 純チタンの機械的性質に及ぼす水素量の影響[2]

第1章 チタンの溶接トラブル   89

対　策

　チタンの溶接では，水素を添加したシールドガスを使用してはならない。

　チタンをティグ溶接する場合はシールドガスには純アルゴン（JIS K 1105）
を用いて溶接する。

　また深溶込みを得たい場合，ヘリウムまたはアルゴン＋ヘリウムの混合ガス
を用いる。

参考文献
1)チタンテクニカルガイド−基礎から実務まで−,内田老鶴圃（1993），p.165
2)G.A Lenning 他：Trans Met. Soc AIME, vol.200,（1954），p.372

(5)熱交換器用チタン溶接管の割れ

キーワード 溶接管, 熱交換器, 拡管, 融合不良, 割れ

事 例

海外製の純チタン2種 TTH340 相当の溶接管(外径 19.05mm, 厚さ 1.25mm, 自動ティグ溶接)を使用して**写真1**に示す熱交換器を製作する際, 管板の穴部に挿入した管を**図1**に示す方法で拡管(拡管率1〜3%)して管板に固定する工程で溶接管のシーム溶接部において割れが観察された。

割れは拡管後に溶接管の内面側から溶接線上に生じており, 一部の部位では割れが管の外面側まで貫通していた。(**写真2, 3**)

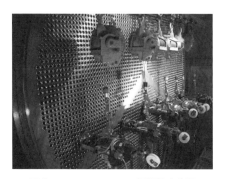

写真1　チタンクラッド鋼製熱交換器

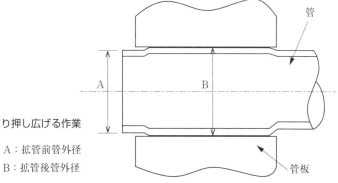

管を管内側より押し広げる作業

A：拡管前管外径
B：拡管後管外径

図1　拡管方法

第1章 チタンの溶接トラブル　91

a) 管内面側の割れ

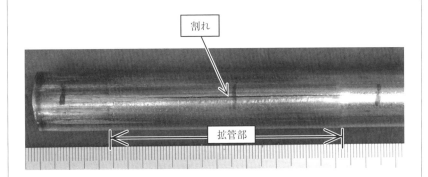

b) 外面側の割れ外観

写真2　溶接管に生じた割れ

原因

用いた溶接管の硬さは**表1**に示すように，溶接金属，母材でほとんど差異が認められなかったが，**写真3**に示すように溶接管のシーム溶接部には融合不良が認められた。

管製造メーカーでの造管溶接時に一部で管内面側で開先が完全に融合されずに残っていたものと判断される。この融合不良部が切欠きとなり，拡管時に切欠きの先端に塑性ひずみが集中してき裂を発生させ，外面側まで貫通した割れとなったものと考えられる。

表1 溶接管のビッカース硬さ測定結果（HV 2.9N）

測定位置	測定値			平均
溶接金属	164	174	187	175
母材	167	181	187	178

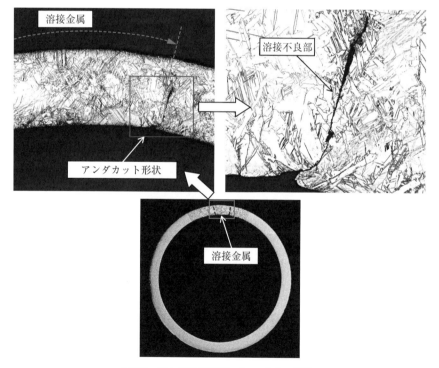

写真3 割れ近傍の断面マクロ，ミクロ組織

対　策

　拡管時の割れ防止には溶接管に大きな応力集中部がないこと，すなわちアンダカットや融合不良が発生していないことが重要である。

　全長にわたって安定した溶接によって製造され，融合不良や目違いなどがないことが保証された溶接管を使用することがトラブル防止対策となる。拡管時の割れ防止の観点からは特に必要な長さに切断された後の管端部に留意した検査を実施する。

　溶接管の購入仕様の一例を下記に示す。

1) 押し広げ試験 (JIS H 4631)

　破壊試験として管の端部を60度の円すい形の工具で外径の1.14倍に広げて割れがないことを確認する。

2) へん平試験 (JIS H 4631)

　破壊試験として図2に示すように溶接部を時計の3時の位置となるように管を平板の間において平板間の距離が下記の式によって計算したHとなるまで，押しつぶし割れのないことを確認する。

$$H = \frac{(1+e)t}{e + \dfrac{t}{D}}$$

ここに，
H：平板間の距離（mm）
t：管の公称厚さ（mm）
D：管の公称外径（mm）
e：管の種類によって異なる定数で，50種は0.03, 3種，13種，15種，20種および23種は0.06，その他の種類は0.07とする。

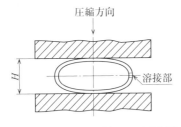

図2　へん平試験

3) 超音波探傷試験 (JIS H 0516)

　非破壊試験として対比試験片の人工きずからの信号と同等以上の信号が検出されないことを確認する。

1.2.2 肉盛溶接

(1)チタン鋳物の肉盛補修溶接割れ

キーワード 補修溶接,溶接割れ,鋳物,予熱

事　例

　チタン合金鋳物の鋳肌をグラインダによる鋳仕上げ後に硝酸－フッ酸水溶液による酸洗浄を行い，鋳造欠陥部を肉盛補修溶接を行ったところ，溶接部近傍に割れが発生した。補修溶接は高純度アルゴンで置換したチャンバー内で鋳物の予熱を行わずに実施したが，肉盛量および入熱などの溶接条件に関わらず特に鋳物すみ部などに割れが多発した。

　チタン砂型鋳造にて製作するバルブ，ポンプボデーなどでは内部欠陥や表面欠陥などの発生が不可避で，その肉盛補修溶接は標準工程となっている。図1にチタン合金鋳造製ポンプ鋳物に発生した代表的な肉盛補修溶接割れを，表1にその溶接条件を示す。溶接割れは純チタン鋳物よりTi-

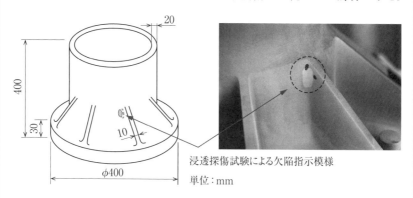

図1　チタン合金鋳物の代表的な肉盛補修溶接割れ

表1　肉盛補修溶接割れが発生したティグ溶接条件

| 溶加棒 || 電流(A) | 電圧(V) | 速度(cm/min) | Arガス流量(ℓ/min) |||
規格	径(mm)				トーチシールド	アフターシールド	バックシールド
STi5250J(YTAB5250)	φ3	130	15	－	－	－	－
					チャンバー内使用		

6Al-4V 合金鋳物や Ti-5Al-2.5Sn 合金鋳物の方が頻度が多く発生した。割れは特にリブのすみ部など，熱応力が集中する部分に発生しやすかった。

原 因

チタン鋳物の肉盛補修溶接割れの発生原因には以下が考えられる。

(1) 母材（鋳物）の特性

チタン鋳造時には鋳型からガスを吸収し，鋳物表面に酸化層や窒化層などの表面汚染層が発生する。厚肉部ではこの表面汚染層が鋳物表面から 0.3mm 以上となる。

また，ショットブラストによる砂落としや湯口系の切断，鋳物表面のグライダ仕上げなどの鋳仕上げにても有害な表面汚染層が残留する。

(2) 溶接部の局部ひずみ

通常の肉盛補修溶接では溶接部近傍に局部的に大きなひずみが発生するため，ぜい化している鋳物表面部が割れやすい。

対 策

(1) 表面汚染層の除去

溶接部の肉厚にもよるが，溶接部およびその近傍をグラインダにより 0.3mm 以上均一に研削し，溶接前には硝酸－フッ酸水溶液にて研削による砥粒を除去する。

(2)肉盛補修溶接前に局部加熱ではなく，被溶接物全体を 300℃ 以上に予熱する。

(2) チタン硬化肉盛時の溶接割れ

キーワード 硬化肉盛, チタンバルブ, 溶接割れ, 予熱, 窒素添加, パス間温度

事例

真空排気により残留ガスを減少させたチャンバー内に高純度アルゴンと窒素の混合ガスを満たし,母材(純チタン3種 TB480)に同材質の溶加棒(純チタン3種溶加棒 STi0125J)を使用して,スリーブ(肉盛前寸法外径50mm,内径30mm,長さ50mm)の内面にティグ溶接による硬化肉盛溶接(多層盛)を行った。

1日で終わらなかったため,翌日に残りの溶接を行ったところ溶接部に割れが生じた。**図1**に示すようなチタン製バルブなどでは摺動部であるステム,ボディ部またはバルブ部品などに硬化肉盛を行い硬さ HV300 を目標にし,摺動部の耐摩耗性の向上を図ることが多い。本事例の溶接条件を**表1**,溶接施工手順を**図2**に示す。

写真1に示すようにバルブのスリーブ内面を硬化肉盛したとき,硬化肉盛部に割れが発生した。

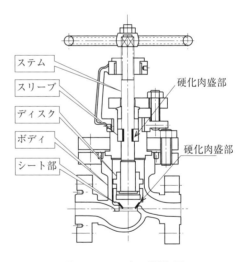

図1 チタンバルブ詳細図

表1 ティグ溶接条件

溶加棒		電流(A)	電圧(V)	速度(cm/min)	Ar+2%N₂ガス流量 (ℓ/min)		
規格	径(mm)				トーチシールド	アフターシールド	バックシールド
STi0125J	3.0	160	15	2	−	−	−
					チャンバー使用		

第1章 チタンの溶接トラブル

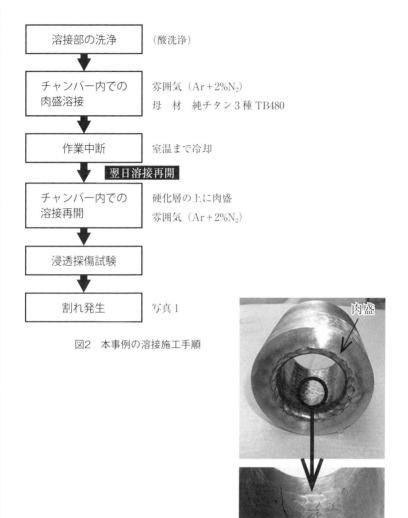

図2 本事例の溶接施工手順

写真1 スリーブ内面の硬化肉盛
[巻頭にカラー写真掲載]

原　因

硬化肉盛溶接作業を2日間にわたり行った。窒素を添加したことにより延性が低下した硬化肉盛部は，室温に戻っていた。その上に新たに硬化肉盛を行ったため，硬化肉盛り部の温度が不均一となり，大きな局部ひずみが発生し，割れが発生したものと考えられる。

対　策

本事例では，室温になった硬化肉盛部の上に，さらに硬化肉盛を行ったため，硬化肉盛部に割れが発生している。多層盛の場合には溶接時のパス間温度を300℃以上に保つことにより温度の均一化を図り，大きな局部ひずみの発生を抑えて割れを防ぐことができる。

対策として，予熱を追加した溶接施工手順を**図3**に示す。

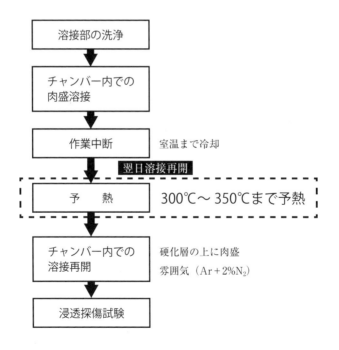

図3　対策として予熱を追加した溶接施工手順

1.3 使用性能におけるトラブル

1.3.1 強度不足

(1) 溶接施工方法の確認試験不合格

キーワード 強度不足,溶接施工方法の確認試験

事 例

　JIS規格において工業用純チタン2種と呼ばれる母材(TP340)の溶接に1種STi0100J(YTB270)の溶接材料を用いて両側溶接により溶接施工法試験を実施した。

　テストピースを加工して引張試験と曲げ試験を実施したところ,引張強さが2種の母材よりも強度が低い値となった。

　チタンの溶接材料には旧規格ではあるがチタン1種から4種までの規格がある。**表1**に旧規格表を示す。(新規格との対比は基礎編2.3.1項参照)

表1　旧規格「チタン及びチタン合金溶加棒並びにソリッドワイヤ」

種　類	棒	ワイヤ
1 種	YTB270	YTW270
2 種	YTB340	YTW340
3 種	YTB480	YTW480
4 種	YTB550	YTW550

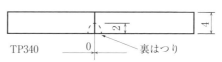

図1　開先形状　単位:mm

表2　ティグ溶接条件

溶接材料	予熱	パス間温度(℃)	溶接電流(A)	アーク電圧(V)
YTB270	なし	－－	140〜155	12〜13
YTB340	なし	≦150	140〜150	12〜13

表3　機械試験結果

	引張強さ(MPa)	破断位置	曲げ試験 (曲げ半径板厚の2倍)
判定基準(340MPa以上)	340〜510	－－	割れなし
事　　例	335.2〜337.1(強度不足)	溶接金属部	合　格

> **原　因**

　この事例では，母材より酸素量が低く，強度が低い溶接材料で溶接したため，引張試験において母材と同等の強度が得られなかったと考えられる。

　チタン母材の引張強さは**図2**に示すように酸素量によって調整されており，溶接材料も母材と同等材を使用しなければ十分な引張強さが得られないことがわかる。

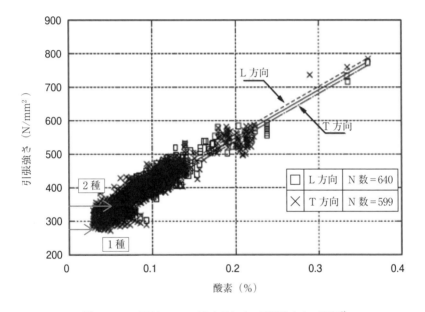

図2　チタン母材における酸素量とその引張強さとの関係[1]

> **対　策**

　アフターシールドジグやバックシールドジグを用いて，十分なアルゴンシールド環境で再度テストピースを作製して，純チタン2種STi0120J(YTB340)の溶接材料で溶接した結果，所定の強度が得られた。

　純チタンの溶接において，母材強度の整合性と溶接材料の選定については，純度が高い側の種別が低い数字のものを使用しても母材側からの希釈で母材規格範囲内の強度が得られる場合もあるが，母材強度に合わせた溶接材料の使用が基本となる。

しかしながら，母材の極めて小さな部分の補修溶接に限定した場合には，純度が高く，延性の高い溶接材料を使用してもよいがこのためには，十分な施工方法の検討とユーザーとの合意が必要となる。

表4　合格した機械試験結果

	引張強さ(MPa)	破断位置
試験片	420～435	母材

参考文献
1) 日本チタン協会技術委員会強度分科会，チタン中の酸素・鉄などの元素濃度と引張強さ・耐力との相関，チタン，vol.45, No.1,（1997）〔データ追記〕

1.3.2 疲労損傷

(1)溶接施工溶込不足

キーワード ティグ溶接, 回転機器, 疲労破壊, 溶込不足

> **事　例**

　純チタン2種 TP340 で製作した送風機の羽根車が，運転後1年でボスとインペラーのティグ溶接部で破断した。**図1**にインペラー破断状況，**図2**にインペラー破断部断面を示す。

　その際の溶接積層を**図3**，溶接条件を**表1**に示す。また出荷時には浸透探傷試験(PT)で溶接表面の健全性を確認した。

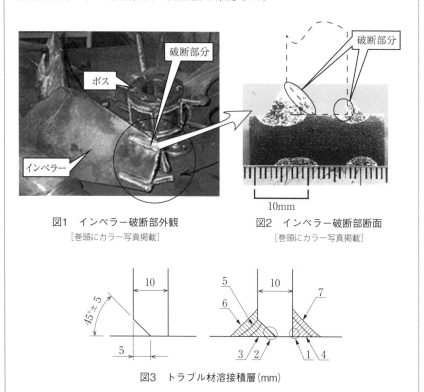

図1　インペラー破断部外観
［巻頭にカラー写真掲載］

図2　インペラー破断部断面
［巻頭にカラー写真掲載］

図3　トラブル材溶接積層(mm)

表1 トラブル材ティグ溶接条件(すべて下向溶接で実施)

パス	溶加棒 規 格	径(mm)	電流 (A)	電圧 (V)	溶接速度 (cm/min)	ガス流量(ℓ/min) トーチシールド	アフターシールド	バックシールド
1,2	STi0120J (YTB340)	2.0	130	12〜13	10〜11	10	25	25
3〜11		2.4	150	13〜14	15〜22	10	25	25

原因

設計,検査,運転条件,保守条件等複合した要因があるが,レ型開先の溶込不足の部分に応力集中が働き疲労破壊が発生したと推定される。
レ型開先先端部の溶込不良は　設計のレ型開先の角度が浅かったこと(45°),また溶接条件として初層から溶加棒を入れたことにより先端部に溶込不良が発生し,き裂の起点となったと推定される。

対策

① 開先にトーチを入れやすいようレ型開先角度を広げる。(この場合45→60°,**図4**参照)

開先先端の溶込みを確実にするため初層は溶加棒を入れずに溶接する。(図4,**表2**参照)

溶接部の健全性を確認するため放射線透過試験(RT)で溶込深さを測定し設計通りの強度が確保されていることを確認する。

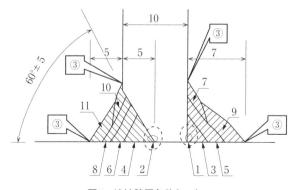

図4　溶接積層条件(mm)

② なお設計上可能であれば完全溶込みで溶接することが望ましい。

③ 応力集中を避け，さらに疲労強度を高めるため溶接ビード止端部のなめ付溶接や研削・研磨を行い表面を滑らかにする。

表2　対策溶接条件

パス No.	溶加棒		電流 (A)	電圧 (V)	溶接速度 (cm/min)	ガス流量（ℓ/min)		
	規　格	径(mm)				トーチシールド	アフターシールド	バックシールド
1, 2	溶加棒なし	－	150～180	14～17	20～25	10	25	25
3～11	STi0120J (YTB340)	2.0～2.4	150～180	14～17	10～20			

1.3.3 腐 食

(1)置き忘れた仮部品による隙間腐食

キーワード 隙間腐食, 塩酸-硝酸系, 溶接構造

事 例

　塩酸-硝酸系の薬液が入るチタン製の反応容器の底部に塩化ビニル製のボルト・ナットを落下させ，目視検査でも気づかずにそのまま放置され，3年後にその塩化ビニル製ボルト・ナットを取り除くと，塩化ビニル製ボルト・ナットとチタンの接触部に隙間腐食が発生していた(**図1**)。

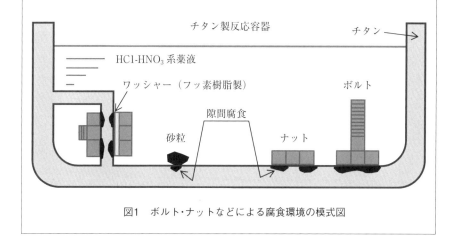

図1　ボルト・ナットなどによる腐食環境の模式図

原 因

　今回の隙間腐食は，非導電体である塩化ビニル製のボルト・ナットと導電体である金属材料のチタン底板との隙間に存在する塩酸-硝酸系の薬液中の溶存酸素濃度がほかの部分と比較して低下していき，この隙間部分に酸素濃淡電池が生成し，過不動態領域となり，隙間腐食が生成したものと考えられる。[基礎編 2.1.4 項図 2.4 参照]

　一般にチタンは，表面に不動態皮膜が形成されると優れた耐食性を示すが，

写真1　チタンの活性溶解例［巻頭にカラー写真掲載］

皮膜が破壊されて腐食が始まるとイオン化傾向が大きいだけに，写真1に示すように急速な活性溶解を引き起こすので注意を要する。

　ちなみに，各種王水によるチタンの腐食量[1]は，表1に示すとおりである。王水は塩酸と硝酸の混酸で，通常は塩酸3：硝酸1の混合比で利用される場合が多いが，20℃においては塩酸の割合を増加してもチタンの腐食量に変化は認められない。ただし，塩酸5：硝酸1の王水で沸騰させるとチタンの腐食量は約10倍となるので注意を要する。

表1　各種王水によるチタンの腐食量[1]

薬液比率 HCl:HNO₃	温度条件(℃)	腐食度 ($g/m^2 \cdot day$)	侵食度(*) (mm/year)
1:3	20	＜1.58	＜0.127
2:1	20	＜1.58	＜0.127
3:1	20	＜1.58	＜0.127
4:1	20	＜1.58	＜0.127
5:1	沸点	＜15.8	＜1.27
7:1	20	＜1.58	＜0.127
20:1	20	＜1.58	＜0.127

(*)腐食度($g/m^2 \cdot day$)から侵食度(mm/year)への換算係数は，($\times 0.365/d$)，d：チタンの密度$4.51 g/cm^3$

第1章 チタンの溶接トラブル　　107

対 策

　対策としては，まず，適用法規・規格および各種仕様書に従って，接液部となるチタン表面に残留異物がないことを目視検査などにより充分確認する必要がある。また，接液部に残留する異物は，ワッシャーなどに利用されるチタンやその他の金属材料，塩化ビニル製のボルト・ナットのような高分子材料（有機材料）のほか，砂粒などの無機材料でも隙間腐食の原因となることを理解しておく必要がある。対策として留意すべき点を以下に示す。

①液中に可動部を設ける場合には，不動態皮膜の損傷に充分留意する。

　　残留異物が内部液体の流動により不動態皮膜に損傷を与える場合や，構造上設置された液中可動部で不動態皮膜に損傷を与えやすい場合には十分留意し，定期的な検査を実施する必要がある。

②液中にチタンと異種材料の接触・接合部を浸さない。

　　基本的な設計条件として，たとえ相手材が有機材料や無機材料でも異種材料の接合部を液中や接液部に設けないように留意する必要がある。

③液中や接液部においては，隙間のない溶接接合を採用する。

　　チタンも条件により隙間腐食を発生するので，チタンどうしの接合においては，液中や接液部で隙間を有するボルト接合などの機械的接合を避けて，溶接接合を採用するよう留意する必要がある。

参考文献
1) 防食材料選定便覧，新技術開発センター（1980），p.158

(2) チタン合金溶接部の高温塩化物による応力腐食割れ

キーワード 応力腐食割れ, 異材継手, 熱処理, 異種金属, 残留応力

事 例

化学プラントに使用されている圧力容器において,強度の異なるチタン合金(Ti-6Al-4V)と純チタン3種 TP480 との異材の板の突合せ溶接をティグ溶接で純チタン3種溶加棒 STi0125J(YTB480)にて実施したところ,チタン合金(Ti-6Al-4V)溶接熱影響部のみに使用後数ヶ月で割れが発生した(図1)。なお,溶接後熱処理は行っていない。

設計温度は 250℃～430℃で,割れ近傍に付着していたスケール中に Cl⁻ を検出した。

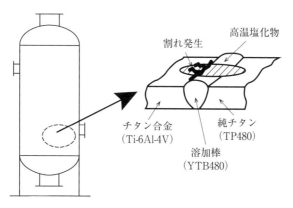

図1 化学プラント容器の一例と継手部に付着した塩化物の例

原 因

原因を調査するにあたり,再現試験を行った。図2に示すようなチタン合金(Ti-6Al-4V)＋純チタン3種 TP480 の拘束溶接割れ試験片(純チタン3種溶加棒 STi0125J(YTB480))を製作し,溶接のままおよび応力除去熱処理(725℃×1時間・真空焼鈍)をしたものについて,環境条件と試験温度における割れ感受性を調査した。

溶接および熱処理後に，**表1**の試験条件にて浸透探傷試験および断面割れ検査を実施した。

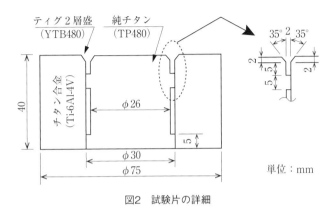

図2 試験片の詳細

表1 隙間腐食発生部位と限界温度[2),3)]

No.	試験片条件	溶接後表面割れ検査(浸透探傷試験)	塩化物浸漬および暴露試験(※)	暴露試験後表面割れ検査(浸透探傷試験)	暴露試験後断面割れ検査(浸透探傷試験，ミクロ観察)
1	溶接後，真空焼鈍実施	割れなし	浸漬あり 暴露試験あり	割れなし	割れなし
2	溶接後，真空焼鈍なし	割れなし	浸漬あり 暴露試験あり	割れあり	割れあり

(※) 塩化物浸漬 (10%NH_4Cl溶液) させ大気中暴露試験 (420℃×24h) を実施

以上のことより，応力腐食割れは異材溶接が直接原因ではないことがわかった。

割れが発生した試験片の状況は，溶着金属部の中央部のやや外側で半周以上に割れが発生しており，溶着金属からチタン合金 (Ti-6Al-4V) 側のHAZおよび母材へ達する割れが認められたが，純チタン3種TP480側への割れは認められなかった。

また，割れなし・割れありの試験片の硬さ測定も実施したが，両者において顕著な差は見られず異常な硬さを呈していなかった。

試験結果より，溶接時および大気中の加熱では割れは認められないが，塩化物を付着させ加熱すれば短時間でも割れが発生した。しかしながら，応力除去熱処理 (真空焼鈍) を実施したものは大気暴露後でも割れは認められなかった。

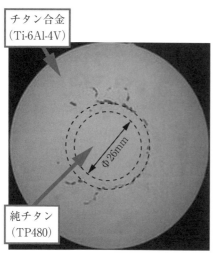

写真1　塩化物付着後の浸透探傷試験結果

写真2　割れ部の断面写真

よって，原因は高温塩化物環境におけるチタン合金の応力腐食割れと判断した。

　チタンはステンレスに比べると隙間腐食と孔食が生じにくく，応力腐食割れを起こしにくい材料とされているが，高温塩化物環境や塩水水溶液環境では基礎編2.1.4項表2.3にもあるように，高強度チタン合金でも応力腐食割れを起こす。[1],[2]

対　策

　上記の再現試験の結果より，チタン合金（Ti-6Al-4V）における高温塩化物環境下での応力腐食割れは応力除去熱処理（真空焼鈍）を施し，引張応力（溶接時の残留応力）が緩和されることによって割れ発生は防止できることがわかった。

　チタン合金（Ti-6Al-4V）と純チタン3種TP480との異材溶接継手を純チタン3種溶加棒STi0125J（YTB480）にて溶接し，溶接後熱処理を行う。熱処理は725℃×1時間・真空焼鈍とする。

参考文献
1）高村　昭，日本金属学会会報，第8巻，第10号，(1969)，p.698
2）屋敷貴司，"チタンの耐食性(1)前編"，チタン，vol.52, No.4, 日本チタン協会，p.34
3）佐藤廣士，"チタンのすきま腐食現象とその防止"，表面技術，vol.40,No.10,表面技術協会，p.37

1.4 クラッドと異材溶接

1.4.1 割れ

(1)チタンとステンレス鋼の異材溶接割れ

キーワード　異材溶接, ステンレス鋼, 割れ, ぜい化, 金属間化合物, 硬化, トランジションジョイント

事　例

　内面側に海水が流れる化学プラント用機器において経済性の観点から腐食性の厳しい高温側部位にのみ純チタン板2種TP340, 温度が十分に低下した部位にはオーステナイト系ステンレス鋼SUS304を使用することとし, **図1**に示す異材の接合部分を対象に溶接施工法確認試験を実施した。試験は**図2**に示すように板厚3mmの母材にI形開先加工し**表1**に示す溶接条件にて溶加材なしで異材溶接継手を作製した結果, 異材溶接継手の溶接金属において溶接完了直後に割れが生じた。

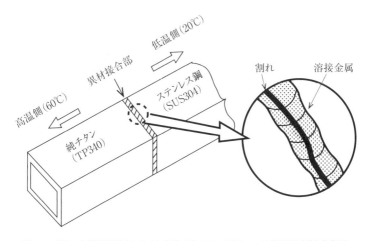

図1　プラント機器部材における純チタンとステンレス鋼の異材接合部分

図3に示すように溶接ビードの表面のステンレス鋼側の溶融境界と溶接金属内に大きな割れが生じその破面は平坦であり，ぜい性的な破断を示唆しており，またビード表面にも多数の割れが認められた。

表1　ティグ溶接条件

| 溶加棒 | 電流(A) | 電圧(V) | 溶接速度(cm/min) | Arガス流量(ℓ/min) |||
				トーチシールド	アフターシールド	バックシールド
なし	100	15	30	15	20	20

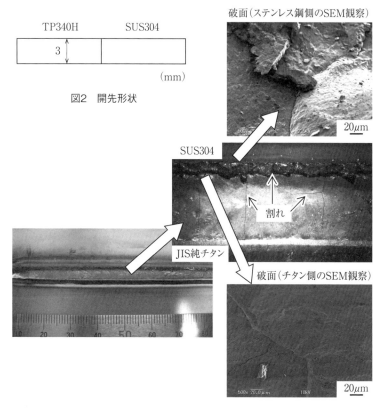

図2　開先形状

図3　溶接金属に生じた割れの例

原　因

チタンとステンレス鋼が混合溶融された溶接金属(図3)は，図4に示すようにビッカース硬さ(HV)で550～830と極めて硬くなっており，この組織ができることが溶接割れの主原因である。

TiとFeが溶融混合された際に形成されるぜい弱な金属間化合物に，溶接の冷却過程での収縮応力が作用して割れが生じたものと考えられる。Ti-Fe系状態図からは，極めてぜい弱なことが知られている金属間化合物TiFe，$TiFe_2$が広い温度範囲で存在することが確認された。チタンとステンレス鋼とが溶融混合した溶接金属にはこれらの金属間化合物が容易に生じうる［基礎編3.7.1項参照］。ステンレス鋼の主要構成元素であるNi,CrとTiすなわちTi-Ni系，Ti-Cr系についても同様のことがいえる。

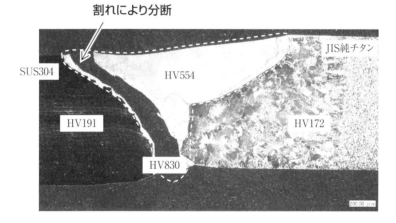

図4　溶接金属のミクロ組織とビッカース硬さ

対　策

割れ防止には金属間化合物を形成させないこと，すなわちチタンとステンレス鋼を溶融混合させないことが重要である。例えば，熱間圧延を用いた接合［基礎編3.7.2項参照］や爆発圧接［基礎編3.7.3項参照］などの固相接合によりチタン／ステンレス鋼があらかじめ接合されたいわゆるトランジションジョイントを介して，チタンどうし，ステンレス鋼どうしをティグ溶接する方法が有効である(図5)。

固相接合においても金属間化合物が概ね1μm以下の厚さを超えないよう加熱温度，加熱時間を管理することが重要となる。TiとFe,Niとの固相接合においては金属間化合物は等温加熱では加熱時間の平方根に比例して成長する。その比例定数から求まる速度定数kが実験的に求められており，それらを用いて許容される温度，時間の目安を得ることができる［具体的な値などは基礎編 3.7.1 項図 3.31 参照］。

　固相接合以外の方法として，実用上，必要とされる強度によってはろう付け法の適用が有効な場合もある。

　なお，使用される腐食環境によってはいわゆるガルバニック腐食を生ずるリスクがあるため，対策として絶縁継手を用いる場合もある。

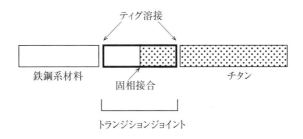

図5　トランジションジョイントを用いた異材接合方法

(2)チタンクラッド鋼板の突合せ溶接時に割れ発生

キーワード クラッド鋼,ぜい化,金属間化合物,硬化,クラッド界面

事 例

チタンクラッド鋼板(純チタン1種 TP270 と軟鋼 SM400,それぞれ板厚 3mm,15mm)を突き合わせ溶接した結果,溶接継手の合わせ材(純チタン)側の溶接金属に割れが生じた。

図1に示すような開先面から 2mm の部分まで合わせ材を除去した X 形開先を用いて,最初に SM400 の開先内に軟鋼用溶接材料を用いて両面からマグ溶接した後,両端面に V 形開先加工した厚さ 3mm の純チタン板(TP270H)を軟鋼溶接金属の上に載せクラッド鋼の合わせ材(純チタン)とティグ溶接した。溶接継手を非破壊検査した結果,合わせ材(純チタン)側の溶接金属に欠陥指示が認められたため断面を調査した結果,図2に示す通り溶接金属(①)および熱影響を受けたクラッド界面(②)に割れが認められた。

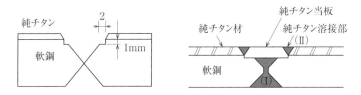

図1　開先形状と溶接手順

表1　溶接方法・溶接条件

軟鋼部(Ⅰ)	溶接方法	マグ溶接
	溶接材料	軟鋼(YGW11)
	溶接入熱量(kJ/cm)	20
純チタン部(Ⅱ)	溶接方法	ティグ溶接
	溶接材料	S Ti0100J(YB270)
	溶接入熱量(kJ/cm)	19

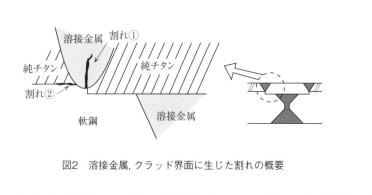

図2 溶接金属，クラッド界面に生じた割れの概要

原因

合わせ材側の溶接を行った際にクラッド鋼母材(軟鋼)の一部が溶融し，溶接金属に極めて硬くぜい弱な金属間化合物が生成したことが溶接時の割れ①の原因である。

TiとFeが溶融混合された際に形成されるぜい弱な金属間化合物［基礎編3.7.1項参照］に，溶接の冷却過程での収縮応力が作用して割れが生じたものと判断される。

写真1はチタンクラッド鋼の上にビードオン溶接した例であるが，クラッド界面とその直下の軟鋼が一部溶融する溶接条件では，溶接金属に割れが発生することが確認されている。

また軟鋼と溶融混合していない純チタン／軟鋼のクラッド界面でも割れ②

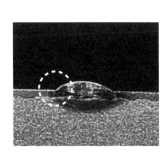
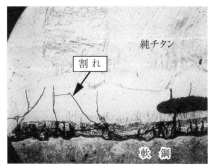

写真1 チタンクラッド鋼の上にビードオン溶接した際の溶接金属に生じた割れ

(図2)が生じていたが,これは界面でFeとTiが拡散して金属間化合物が生成したことが原因である。**図3**は純鉄をインサート材とした圧延チタンクラッド鋼に溶接を模擬した熱サイクルを加えた例である。クラッド界面はピーク温度900℃までは硬さの変化は認められていないが,1,150℃では顕著な硬化が生じている。**図4**は2mmの純チタン層をもつ圧延チタンクラッド鋼にビードオン溶接した際のクラッド界面の組織であるが,軟鋼と溶融混合なしでも溶接入熱19kJ/cmでTi-Fe系金属間化合物による硬化層が生じている[1]。

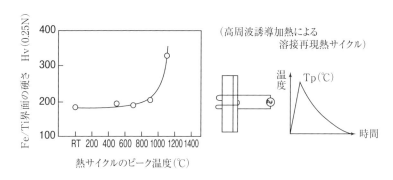

図3 圧延チタンクラッド鋼の界面硬さに及ぼす溶接熱サイクルの影響[1]

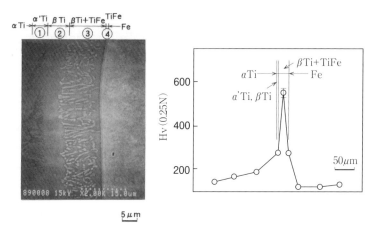

図4 チタン側へのビードオン溶接による圧延チタンクラッド鋼界面での金属間化合物生成と硬化の例(入熱量19kJ/cm)[1]

対　策

　第一には金属間化合物を形成させないこと，すなわち純チタンと軟鋼を溶融混合させないことが重要である。またクラッド鋼界面で割れを防止し高い界面強さを維持するには，純チタンと軟鋼が溶融混合しなくても界面でのTi，Feの相互拡散による金属間化合物成長を抑えることが重要となる。

　そのためには，軟鋼部分の溶接において純チタンが溶融することがないように合わせ材側を十分に切除した開先を用いる。さらには，合わせ材部分の溶接においては図5の例に示すように，突き合わせではなく重ねすみ肉溶接とすることで軟鋼側の溶融リスクを抑える継手設計とすることが有効である。

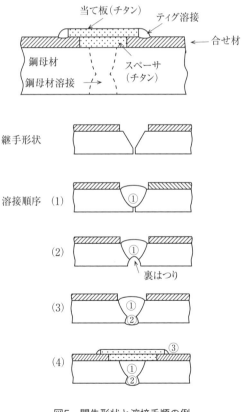

図5　開先形状と溶接手順の例

重ね溶接を用いても，クラッド界面への熱影響に対する配慮は必要であり，界面の最高加熱温度が900℃以下となるよう入熱管理を行うことが界面強さの低下の抑制に必要となる。**図6**に示す例では入熱が13kJ/cm以下にて界面せん断強さの低下が抑えられている。なお，インサート材を用いずに純チタン／軟鋼を直接接合したクラッド鋼では，金属間化合物に加えチタン炭化物（TiC）の生成により界面強さが劣化するリスクもあるが，その防止には上記同様，入熱管理が必要となる。

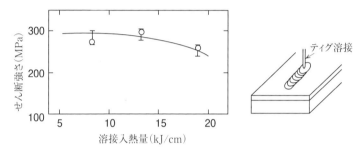

図6　圧延チタンクラッド鋼の界面強さに及ぼす溶接熱サイクルの影響[1]

参考文献
1）鉄鋼基礎共同研究会, 鉄・チタン複合材料の製法と特性, 日本鉄鋼協会（1993）, p151

(3) 熱交換器用チタン管板シール溶接部の割れ

キーワード クラッド鋼,剥離強度,熱交換器,溶接補修

事 例

　チタン製熱交換器の海外製チタンクラッド鋼（厚さ175mmの炭素鋼＋厚さ6mmのASME SB265Gr.1）の管板と純チタン製管（外径19 mm，肉厚1.24mmのASME SB338Gr.3）の取付溶接部に，定修時の気密テストで**写真1**に示すような割れが見つかった。

　割れは当該機器管本数約9000本中6本で発見され，いずれも最外周部に配置された管で発生していた。

　また，チャンネル取付構造は，**図1**に示すようにチタンクラッド鋼の合わせ材（ASME SB265Gr.1）にシールを目的とした平板状ライニングプレート（ASME SB265Gr.2）が溶接されている。なお，このライニングプレート取付溶接部はリーク発生の可能性があるという判断で，管と管板との溶接部の割れ発生前に溶接補修が行われていた。その結果，ライニングプレート取付溶接部の脚長は，図面寸法で3mmのところ，補修後の脚長は7mmとなっていた。

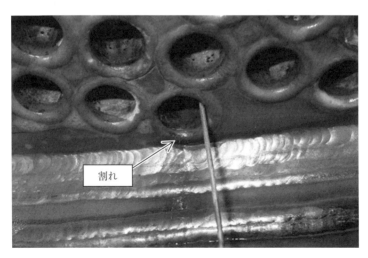

写真1　管取付溶接部の割れ発生箇所

第1章 チタンの溶接トラブル 121

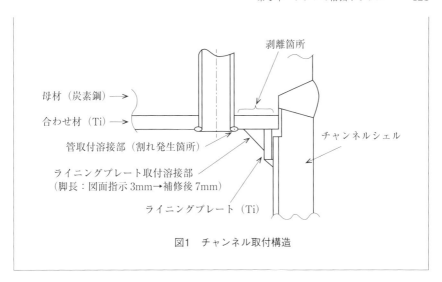

図1 チャンネル取付構造

原　因

　海外製クラッド鋼の剥離強度が下限値近くであったところに，ライニングプレートの取付溶接を行ったことで，剥離の限界に近い状態になった。これに溶接補修が加わったことにより，剥離が発生し，溶接補修の変形やひずみの影響が直接管取付溶接部に影響したものと推定した。このため，応力解析により塑

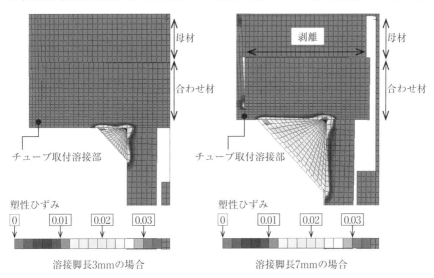

図2　塑性ひずみ分布の比較 [巻頭にカラー写真掲載]

性ひずみ分布を調査した結果，**図2**に示す通り脚長7mmとしたことにより，管取付部に塑性変形が起きることが確認された。

　管取付溶接部近傍では機械加工と管－管板溶接の影響により，剥離強度が低下する可能性がある。

　以上より，ライニング取付溶接補修時に溶接脚長が大きくなったことで，管取付溶接部に塑性変形が生じたことが，割れの原因であると裏付けられた。

対　策

　今回の事例では，クラッド鋼の合わせ材に脚長の大きなすみ肉溶接を行うことが剥離という現象につながった。再発防止としては，以下の対策が有効と考えられる。

(a)剥離強度の高いクラッド鋼を採用する。

(b)応力緩和のため，ライニングプレートの形状に伸縮性を考慮した設計を行う。

(c)管板の合わせ材にはライニングプレートなどの部材を溶接しない構造を採用する。（通常の固定管板＋本体フランジ構造の採用）

(d)補修溶接に際しては，脚長が所期のサイズに比べて大きくなりすぎないように留意するとともに，溶接入熱を極力抑えて，施工する。

1.4.2 酸化

(1) ジルコニウムとチタンの溶接部で異常酸化

キーワード ジルコニウム,異材継手,酸化,熱処理

事 例

純ジルコニウム（ASTM B551 R60702）と純チタン2種 TP340 の異材の板突合せ溶接部の溶接金属で，純ジルコニウム溶加棒にてティグ溶接を実施し熱処理を行ったところ，溶接部に異常酸化（白色スケール化）が生じた。

溶接にあたっては，アフターシールドジグも使用した。溶接ままでは良好な溶接継手が得られ，浸透探傷試験と放射線透過試験は合格したが，550℃および625℃の大気中熱処理（保持時間3時間）を行ったところ，溶接部の表面が異常酸化によって白色スケール化した。

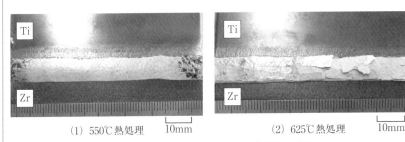

(1) 550℃熱処理　　　(2) 625℃熱処理

写真1　ジルコニウム溶加棒を使用した溶接継手の異常酸化の外観[巻頭にカラー写真掲載]

原 因

チタンと異種金属との溶接は，もろい金属間化合物を生成することが多いために一般的には困難もしくは不可能であるが，チタンとジルコニウムは全率固溶するので金属間化合物を生成せず，溶接は容易である。また，曲げ試験も良好な結果が得られる[1]。

ただし，純ジルコニウムの溶加棒を使用すると，500℃以上の大気中熱処理では異常酸化が起こる金属組成（Zr70〜90%程度）となることが原因である。

純ジルコニウム溶加棒を使用した場合の金属組成を**表1**に，熱処理の酸化増量を**表2**に示す。

表1　純ジルコニウム溶加棒使用時の溶接金属組成

写真No.	Zr + Hf (%)*	Ti (%)
写真1（1）	81.8	18.2
写真1（2）	83.0	17.0
参考：溶加棒	99.5	

＊成分分析はASTM B551/B551M-02に基づいた方法ではHfも同時に検出される

表2　チタン－ジルコニウム合金の大気中での酸化増量（参考文献[2]より別途作成）

Ti-Zr合金	各温度（℃）×30分間での酸化増量（mg/cm^2）					
	400	500	600	700	800	900
Ti-Zr（10%）合金	–	0	0	–	0	1.1
Ti-Zr（30%）合金	–	–	0	1.9	2.9	12.3
Ti-Zr（50%）合金	–	0.4	0.5	52.1	128.1	144.2
Ti-Zr（70%）合金	0.8	–	118.4	–	126.1	–
Ti-Zr（80%）合金	–	–	64.2	–	240.8	–
Ti-Zr（90%）合金	–	2.7	7.4	22.1	–	410.0

対　策

ジルコニウム（ASTM B551 R60702）と純チタン2種 TP340 の異材ティグ溶接を行う際は，溶加棒は純チタン2種溶加棒STi0120J（YTB340）を用いて溶接を行うことで異常酸化を防止することができる。

表1に示すように，純ジルコニウム溶加棒を使用した場合は Ti-Zr（80%）合金に近い組成になる。一方，純チタン2種溶加棒 STi0120J（YTB340）を使用すると**表3**に示すとおり Ti-Zr（20%）合金に近い組成となり，表2に示すように500〜600℃での酸化増量を抑えることができる。

表3　チタン溶加棒使用時の溶接金属組成

写真No.	Zr + Hf（%）*	Ti（%）
写真2（1）	17.9	82.1
写真2（2）	26.3	73.7
参考：溶加棒		99.5

＊成分分析はASTM B551/B551M-02に基づいた方法ではHfも同時に検出される

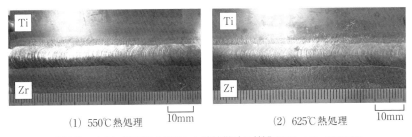

写真2 チタン溶加棒を使用した溶接継手の外観[巻頭にカラー写真掲載]

参考文献
1) 産業技術サービスセンター, 接合・溶接技術 Q&A1000, p.530
2) エル・エフ・ヴォトヴィッチ, エ・イ・ゴロフコ, (訳)遠藤敬一, 便覧 金属と合金の高温酸化, 日・ソ通信社(1980)

1.4.3 腐食

(1)チタンクラッド鋼の補修溶接部で孔食発生

キーワード チタンクラッド鋼製容器,補修溶接,孔食,隙間腐食

> **事例**
>
> チタンクラッド鋼製容器のノズル部の内面補修溶接部に認められた腐食損傷事例を**図1,図2**に示す。腐食は,大口径ノズル(図1)と小口径ノズル(図2)の別々の箇所に見られた。
>
> 図1(a)に示す大口径ノズル内面補修部の孔食は,本体クラッド側のチタンシールプレートと大口径ノズル内面のチタンスリーブプレートのすみ肉補修溶接部において,孔食部から赤さび(FeOOH)の発生が確認されたものである。図1(b)に大口径ノズル断面の概要を示す。
>
> 一方,図2(a)に示す小口径ノズル内面補修部の隙間腐食は,本体クラッド側のチタンシールプレートと小口径ノズル内面のチタンスリーブのすみ肉補修溶接部において,隙間腐食部から赤さび(FeOOH)の発生が確認されたものである。この赤さびは発生量が比較的多いことから,あらかじめ付着していた鉄粉などによるものではなく内側の炭素鋼が腐食され,その

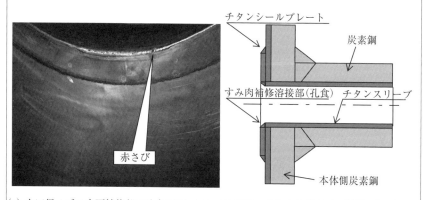

(a) 大口径ノズル内面補修部の孔食[巻頭にカラー写真掲載]　(b) 大口径ノズル断面の概要

図1 チタンクラッド鋼製容器の大口径ノズル内面補修溶接部に認められた腐食損傷事例

第1章 チタンの溶接トラブル　127

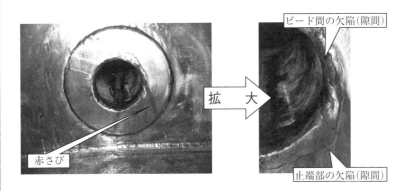

(a) 小口径ノズル内面補修部の隙間腐食 ［巻頭にカラー写真掲載］

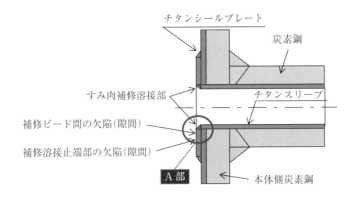

(b) 小口径ノズル断面の概要

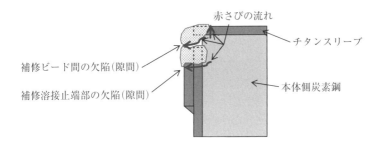

(c) A部拡大模式図

図2　チタンクラッド鋼製容器の小口径ノズル内面補修溶接部に認められた腐食損傷事例

一部が腐食生成物として流出したものと考えられる。図2(b)は，小口径ノズル断面の概要を示している。また，図2(c)は，図2(b)のA部拡大模式図を示している。

原　因

　いずれも補修溶接部から腐食損傷が発生しており，図1の場合は，補修溶接の際，チタンシールプレートなどの加工において，補修溶接時に炭素鋼で使用した通常のグラインダを誤って用いたため，その鉄分を巻き込んだものと考えられる。そして，運転時に，開口している鉄分が腐食性の内容物（酸化性の液体など）にさらされて孔食が発生したものと考えられる。

　一方，図2の場合は，最終補修ビードの止端部や補修ビード間の融合不良が線状に残留し，運転時の内容物（酸化性の液体など）の温度や圧力の変動が原因でさらに開口し，隙間腐食に至ったものと考えられる。

対　策

　チタンクラッド溶接部の補修は，基本に忠実にかつ確実に実施しないと，損傷は何度も再発し，より補修が困難な状況になっていくため，注意が必要である。

　まず，欠陥を除去するためには，必ず，ロータリーバーやダイヤバーなどを用いる。補修溶接は，溶接前に開先面および溶加棒を十分脱脂洗浄し，ティグ溶接により実施する。ビード間の融合不良には十分留意し，止端部はオーバラップ・アンダカットが生じないよう，なめらかに仕上げるよう留意する。ただし，溶接条件は，母材を溶かし過ぎないように入熱を下げ，凸型ビードとなるようにする。

　また，適用法規や各種仕様に応じて，①酸洗浄の実施，②超音波式肉厚測定器を用いて設計上の最低必要肉厚を確認，③スンプ試験などにより健全な素地であることの確認，④溶接開先面や補修溶接部表面に鉄分がないことを確認するためにフリーアイアンテスト（フェロキシルテストなど）[1]を実施する。

参考文献
1）中野光一，チタンクラッド鋼製蒸留塔腐食損傷部の補修溶接と再発防止対策の検討，チタン，vol.62, No.3,（2014），p.175-179

(2) 化学工業機器のマンホールカバーから漏れ発生

キーワード 隙間腐食, フランジ, ガスケット, パラジウム

事 例

酸化性液体用のチタンクラッドライニング製の化学工業機器で, マンホールカバーのチタン製ガスケット座 (純チタン2種 TP340) 取付け溶接部が隙間腐食により穴が開き, 炭素鋼部分を侵食して漏れが生じた(**図1**)。
当該溶接部はほかの部位と同じ純チタン溶加棒 STi0120J(YTB340)を用いてティグ溶接していた。

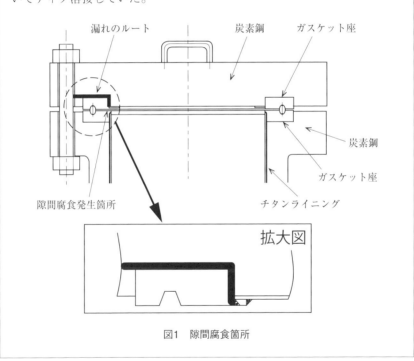

図1　隙間腐食箇所

原　因

　当該溶接部に通常の純チタン溶加棒を使用したために，**図2**に示すようなフランジの合わせ面に液だまりが生じて，隙間腐食が発生し漏れが起きた。

　隙間腐食はチタンを使用するうえで，最も配慮しなければならない腐食

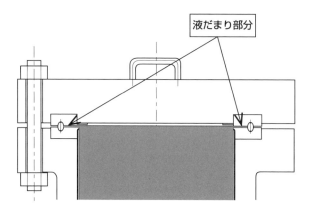

図2　液だまり部分

現象である。チタンは海水などの塩化物溶液中では優れた耐食性を示すが，酸化性液体の高温・高濃度の環境では隙間腐食が発生することがある［基礎編 2.1.4 項図 2.5 参照］。[1]

　特に留意しなければならない点を**表1**に示す。

表1　隙間腐食発生部位と限界温度[2]

発生部位	・フランジの当たり面 ・管と管板の隙間 ・プロセスに起因する堆積物，析出物とチタンの隙間
発生限界温度	・海水中では一般的に100℃以上 ・実際には，隙間構成材，締め付け力で限界温度は変わる ・腐食事故例から，70〜80℃が工業的下限

対　策

　図3のように液だまりになる箇所の母材および溶加棒はチタンパラジウム合金の溶接材料を使用する。

チタンの耐隙間腐食性を改善するために合金元素としてパラジウム（Pd）の添加が一般的である［基礎編2.1.4項図2.5参照］。JIS Z 3331においてもS Ti 2401JなどのTi-Pd合金の溶接材料は規格化されている(**表2**)。

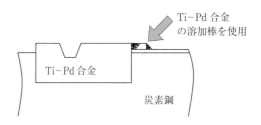

図3　Ti－Pd合金使用箇所

表2　棒およびワイヤの化学成分の一例

| 種類 | 化学成分表記による記号 | 化学成分 |||||||| 旧JIS Z 3331：(2002) ||
		C	O	N	H	Fe	Al	V	Sn	その他	棒	ワイヤ
STi0120J	Ti99.6J	0.03以下	0.15以下	0.02以下	0.008以下	0.20以下	—	—	—	—	YTB 340	YTW 340
STi2401J	TiPd0.2AJ	0.03以下	0.15以下	0.02以下	0.008以下	0.20以下	—	—	—	Pd:0.12〜0.25	YTB 340Pd	YTW 340Pd

参考文献
1) 日本チタン協会, チタンの加工技術, 日刊工業新聞社（1992），p.207, 6.2節
2) チタン講習会資料, 日本チタン協会（2016）

(3) 試験運転時のバルブ操作ミスによりチタンが腐食

キーワード チタンクラッド鋼, 硫酸, 腐食, ヒューマンエラー

事 例

　チタンクラッド鋼製容器の試験運転をする際，誤って硫酸が混入したため，**写真1**に示すようにチタン表面に全面腐食[1]による腐食損傷が生じた。チタンの発色域(酸化皮膜)は，母材健全部よりくぼんだ全面腐食の状態となっていることが確認された。

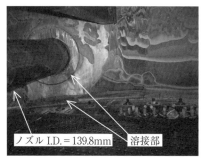 

　　(a)ノズル近傍の腐食損傷状態　　　　(b)内部壁面近傍の腐食損傷状態
写真1　チタンクラッド鋼製容器内表面に生じた硫酸による全面腐食[巻頭にカラー写真掲載]

原 因

　一般にチタンは軽量で耐食性に優れていることから，多くの産業分野において多用されている。化学系プラントにおいても熱交換器をはじめ，耐食性が必要とされる様々な機器に適用されている。一方，チタンは一般鋼材やステンレス鋼と比較すると高価であるため，大型機器の製作には，より経済的なチタンクラッド鋼が用いられる。チタンクラッド鋼製容器には，種々の原材料や薬液が使用されるが，今回の腐食損傷は，試験運転時のヒューマンエラーによる硫酸の混入が主原因であった。

　硫酸によるチタンの腐食量[2]を**表1**に示す。温度35℃における硫酸によるチタンの腐食量は，硫酸濃度の上昇とともに，単調に増加して行くのではなく，硫酸濃度40％のときに最大の腐食量を示し，その後，硫酸濃度65％まで腐食

量は減少する。それから，硫酸濃度96.5%まで腐食量は増加し，**図1**に示すようなツインピークの形態を示す。硫酸によるチタンの腐食量は，硫酸濃度や温度により大きく変化するので留意する必要がある。

表1　硫酸によるチタンの腐食量[2]

薬液濃度 H_2SO_4 [%]	温度条件 (℃)	腐食度 (g/m^2·day)	侵食度(*) (mm/year)
1	35	0.042	0.005
3		0.056	0.006
5		0.06〜0.15	0.007〜0.017
10		10.9〜20.6	1.26〜2.35
25		20.3〜60.7	2.3〜6.95
40		107〜133	12.4〜15.2
50		48.9〜86.1	5.6〜9.8
65		8.1〜12.6	0.92〜1.45
75		13.2〜31.1	1.52〜3.50
96.5		55.6〜69.6	6.4〜8.0

(*)腐食度(g/m^2·day)から侵食度(mm/year)への換算係数は，(×0.365/d)．d：チタンの密度4.51g/cm^3

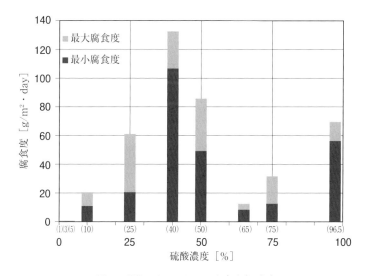

図1　硫酸によるチタンの腐食度(35℃)

対　策

　対策案として，主要な3件を以下に述べる。

①損傷発生時の対応処理のマニュアル化

　腐食損傷の形態や発生位置が多岐にわたると考えられる場合には，その各ケースに応じた対応処理手順・方法のマニュアル化や，硬さ測定，スンプ試験，ソープテスト，およびヘリウムリークテストなどの各種試験要領を整備しておく必要がある。また，ヒューマンエラー防止のためには，複数の人が，複数回チェックを行うなどの対策も必要である。

②溶接部の焼けを除去する酸洗に際しては，フッ酸や硫酸の取り扱いには充分注意する。

　チタン素材製造時の酸洗には，通常，硝酸とフッ酸を混合した混酸である硝フッ酸が多く用いられている。酸洗により形成された不動態皮膜は，フッ酸や硫酸により容易に破壊され腐食が進行するので，チタンに対するフッ酸や硫酸の取り扱いには充分注意する必要がある。溶接部の焼け(酸化皮膜)の除去のために，硝フッ酸や硫酸を含有する薬液が使用される場合には，使用した薬液が溶接止端部などのくぼみにおいて残留・濃縮しないよう，十分な洗浄処理が必要となる。例えば，20℃で1%のフッ化水素酸を含む残留薬液にチタンがさらされると1.8mm/year以上[3]の腐食量となる。

③滞留部や死水域の低減による対策

　チタンクラッド鋼製容器内部の滞留部や死水域を構造的になくす，または少なくすることにより，高温に加熱された原料などが特定部位にとどまることを防ぎ，チタンの腐食損傷を防止する。

　溶接部に関しては，溶接ビード形状が必要以上に凹型にならないよう留意し，凸型ビードとなる場合には，アンダカットに注意して，溶接金属と母材が止端部で滑らかに接するよう留意する。

参考文献
1)中野光一,チタンクラッド鋼製蒸留塔腐食損傷部の補修溶接と再発防止対策の検討,チタン,vol.62, No.3,（2014）, p.175-179
2)防食材料選定便覧,新技術開発センター（1980）, p.269
3)防食材料選定便覧,新技術開発センター（1980）, p.126

(4) チタンクラッド鋼製容器の溶接線の全線の腐食

キーワード チタンクラッド鋼, 最適溶接設計, 溶接線交差部, モニタリング

事 例

　チタンクラッド鋼製蒸留塔の内面チタン側溶接部において図1に示すように, 溶接線の一部に欠陥(孔食)が発生し, そこから溶接継手のスペース部分に薬液が侵入した。そして, 長手溶接と周溶接の溶接線交差部 (以下, Tクロス部と表す)にろう付による封止が実施されていなかったため, 溶接線の全線が薬液で汚染され, 炭素鋼が腐食した。

　チタンクラッド鋼の溶接は, 通常, 基礎編 3.8.1 項図 3.35 に示すような溶接開先が適用され, 強度部材である炭素鋼同どうしは突合せ溶接で完全溶込みの溶接が実施される。耐食部材であるチタンは, 炭素鋼と直接溶接を行わないで, 重ね継手が適用される。

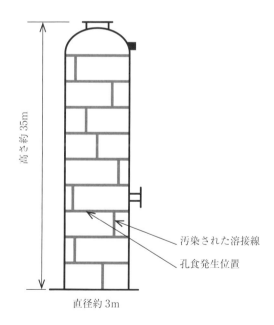

図1　チタンクラッド鋼製蒸留塔の孔食発生位置と汚染された溶接線

蒸留塔のような大型のチタンクラッド鋼製容器の場合，周方向の溶接線と長手方向の溶接線が交差するTクロス部が存在する。周方向の溶接線の周継手や長手方向の溶接線の長手継手の開先は，基礎編3.8.1項図3.35に示すような溶接開先が適用されているので，Tクロス部では，チタンと炭素鋼の間に存在する空隙は，長手継手から周継手へ，あるいは周継手から長手継手へ連結されることになる。

原　因

漏えい被害を最小領域に留める最適溶接設計が行われていなかったために全域にわたる全線腐食が発生した。Tクロス部にろう付による封止がないことで，周方向の溶接線の周継手や長手方向の溶接線の長手継手の開先内部のスペース部分を通して，溶接線の全線が薬液で汚染されることとなった。

対　策

漏えい被害を最小限にとどめるためにはTクロス部の内部シールを確実に行う必要がある。

チタンクラッド鋼製容器におけるTクロス部の設計例を**図2**に示す。

Tクロス部をろう付（ろう材：純銀タイプ）などにより封止するタイプで，溶接開先内に残留するチタンと炭素鋼の間に存在する空隙はTクロス部において遮断される。この場合のメリットとしては，1ヵ所漏えいしても，全溶接線に汚染が及ぶことはないことが挙げられる。安全上は図2の選択が好ましいと考えられるが，製造・建設コストが高くなるほか，Tクロス部におけるろう付などにより遮断された個々の溶接線ごとに漏えい試験を行う必要があり，検査コストも高くなり，さらに，モニタリングを実施すると計測個所が増加するので，モニタリングコストも高くなることが挙げられる。

図1と図2の中間的な施工法として，腐食性内容物の濃度が高い箇所や温度や内圧などが高く運転条件が厳しくなる箇所，スチームヒータなど加熱装置の近傍などにのみTクロス部をろう付などで封止する図2を採用し，その他の内容物の腐食性が低く，また，温度や内圧などが低く運転条件が穏やかな箇所にはTクロス部をろう付などで封止しない図1を採用するといった場合もある。

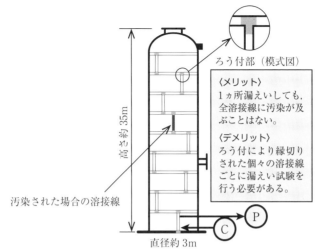

図2　チタンクラッド鋼製容器におけるTクロス部の設計例

参考文献
1) 中野光一, チタンクラッド鋼製蒸留塔腐食損傷部の補修溶接と再発防止対策の検討, チタン, vol.62, No.3, p.175-179

基礎編

第2章

チタンの種類と性質

2.1 チタンおよびチタン合金の種類と性質

2.1.1 チタンの概要

チタンの用途について触れると，日本ではチタンの耐食性を利用した化学工業用，熱交換器用，建築用などの用途が多く，世界的には航空機用途（エンジンおよび機体）が多い。

チタンの種類で見ると，日本では工業用純チタン（Commercially Pure Titanium = CP Titanium）の使用量が多い。世界的には航空機用を主目的としたチタン合金がチタン需要全体の過半数を占める。**図2.1**に日本におけるチタン展伸材の用途別出荷量の例（2013～2017年）の平均値を示す。

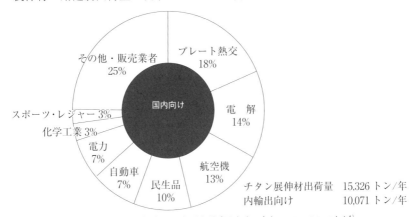

図2.1 チタン展伸材の用途別出荷〔国内向け〕（2013～2017年）[1]

加工方法の面から見ると，航空機産業，特に重要部品に用いられるチタン合金では鍛造切削加工が主に採用されており溶接加工が少ない。現在行われているチタンの溶接は主として非航空機部門が対象で材質的には純チタン（工業用純チタン）が主流である。

最近，航空機産業においても，チタンの溶接加工を増やすための研究開発が進められつつある。航空機産業では事故の際の社会的インパクトが大きいこともあり，重要部品については製品1個1個の品質の信頼性が重視されている。

チタン合金の溶接作業上の留意点は工業用純チタンの溶接とほぼ同じと考えてよい。一部のチタン合金については成分値に対応して熱処理が必要な場合がある。

2.1.2　チタンの物理的性質

チタンの特性は数多くあるが炭素鋼，ステンレス鋼，アルミ合金と比べた特徴の主なものとして，耐食性が高い，比強度が高い，人体親和性が良い，陽極酸化発色で美しく安定した色が出せるなどが挙げられる。さらにアルミニウムやオーステナイト系ステンレス鋼と同じく磁性がない，ヤング率が鉄鋼に比べて小さい，など多くの特性があり，現在も新たに特性が見出されつつある。**表2.1**にチタンの物理的性質を他金属と比較して示す。

表2.1　チタンの物理的性質（他金属との比較）[2]

		純チタン (TP340)	チタン合金 (Ti-6Al-4V)	普通鋼 (SPCC)	ステンレス鋼 (SUS304)	アルミ合金 (A5052P)	マグネシウム合金 (AZ31)	銅 (C1020-0)
	溶融点(℃)	1668	1650	1530	1400〜1427	476〜638	630	1083
	密度(g/cm³)	4.51	4.43	7.90	7.90	2.80	1.77	8.93
	線膨張係数 (10⁻⁶/K)	8.4	8.8	12.0	17.0	23.0	25.0	17.0
	熱伝導率 (w/m·K)	17.0	7.5	63.0	16.0	121.0	159.0	385.0
物	比熱 (J/kg·K)	519	585	460	502	962	1004	385
性	電気伝導率 (%対Cu)	3.05	1.0	18.0	2.4	30.0	40.0	100
値	電気比抵抗 (μΩ·m)	0.550	1.70	0.097	0.720	0.058	0.043	0.0168
	ヤング率 (GPa)	106.3	113.2	205.8	199.9	71.5	44.8	107.8
	磁性	非磁性 (常磁性)	非磁性 (常磁性)	強い 強磁性	非磁性	非磁性 (常磁性)	非磁性	非磁性 (反磁性)
	比透滋率 (μ/μ₀)	1	-	100	1〜7	1	1	1

2.1.3 チタンの機械的性質

チタンおよびチタン合金の機械的性質はそれぞれの規格において規定されている（2.2.1参照）。概括的にみると，引張強さの低い材料から，引張強さが高い材料まで，各規格がカバーしている。

工業用純チタンにおいては酸素，鉄および窒素などの微量元素が少ない材料は柔らかく，これらの元素が増えるに従って引張強さや硬さが上昇し，伸びが低下する傾向にある。

チタン合金においては添加元素の種類と量および組み合わせにより機械的性質が変わるが，基本的な「引張強度が上昇すると伸びが低下する傾向」は同じである。このため一般に常温で引張強さの高いチタン合金は常温での塑性加工性が低い。

チタンおよびチタン合金の代表例について機械的性質を見よう。機械的性質の代表として引張強さを横軸に伸びを縦軸に表した図を**図2.2**に紹介する。

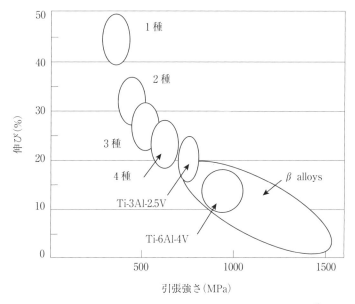

図2.2　チタンおよびチタン合金代表例の引張強さ，伸びの特性[2]

2.1.4 耐食性

(1)全面腐食

チタンの表面は大気中ではチタン酸化物からなる不動態皮膜に覆われていることから，この皮膜が安定となる酸化性環境では優れた耐食性をもつ。**表2.2**に示すように，チタンは多くの過酷な腐食環境で優れた耐食性を示す。

チタンは，ステンレス鋼で腐食が生じうる酸化性の強い高濃度の硝酸においても優れた耐食性を示すが，硫酸や高濃度の塩酸では不動態皮膜が不安定となるため優れた耐食性は期待できない。

溶接部の耐食性は，使用環境とチタンに含まれるFeの量に影響される。**図2.3**にチタンの硝酸および硫酸中における耐食性に及ぼす溶接とチタン中のFe量の影響を示す。図中の「溶接部模擬」というのは，加熱後急冷することにより溶接部を模擬したサンプルを示している。チタンが不動態皮膜を安定して維持できる硝酸中（酸化性環境）では，Feの含有量に関わらず，溶接部，母材部とも腐食は起こっていない。一方，チタンが不動態皮膜を十分維持できない高温の硫酸中（非酸化性環境）では，母材はFe含有量が0.15％以上で腐食速度がFe含有量とともに増大するのに対し，溶接部はFe含有量が0.05％以上でも腐食速度が増大し始める。この結果は，チタンは不動態皮膜が維持できる環境では母材部と溶接部の耐食性は同等であるが，不動態皮膜が維持できない，ある程度腐食が起こる環境では，Fe含有量が多くなると溶接部の耐食性は母材部よ

表2.2　各種腐食環境でのチタンの耐食性

腐食環境	組成(%)	温度(℃)	チタン	18-8ステンレス鋼	ハステロイ 54Ni-17Mo-15Cr-4W
塩　酸	10	24	○	×	◎
	30		×	×	◎
硫　酸	50	24	×	×	◎
硝　酸	10	24	◎	◎	◎
	50		◎	◎	－
王　水	HCl・HNO₃ 3:01	24	◎	×	△
		100	○	－	－
苛性ソーダ	50	24	◎	◎	◎
		100	○	○	○
海　水	高流速	24	◎	－	－
	静止水	100	◎	－	◎

腐食減量　◎：<0.127　○：<0.127～0.508　△：<0.508～1.27　×：>1.27　（mm／年）

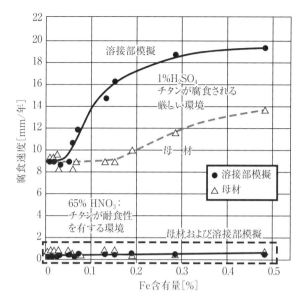

図2.3　純チタンの腐食速度に及ぼす溶接の影響[3]

りも若干劣る。このような場合は，Fe含有量が0.08%以下のJIS1種純チタンの母材および溶接棒の使用が好ましい。

(2) 局部腐食
(a) 粒界腐食

オーステナイト系ステンレス鋼の溶接熱影響部で懸念されるCr炭化物析出による粒界腐食は，純チタンでは生じない。ステンレス鋼のベース組成はFeであり，Crを合金化することで耐食性を維持しているが，Cr炭化物が析出した結晶粒界近傍はCr濃度の低い領域となり選択的に腐食される。

純チタンでは，ベースとなるTiそのものが耐食性を有していることから粒界腐食の懸念はない。このことは溶接構造を前提とする用途ではステンレス鋼に対する大きな優位性となる。

(b) 孔食・隙間腐食

孔食は金属表面が不動態化された状態，あるいは保護皮膜で覆われて耐食性(耐全面腐食)の良好な条件において，保護皮膜(不動態皮膜)が部分的に破壊され，穴が開くように腐食が進行する典型的な局部腐食である。皮膜の部分的な破壊は後述する隙間腐食の機構と同様に塩化物イオンなどのハロゲンイオンの存在により局部的にpHが低下することで促進される。

チタンは不動態皮膜がステンレス鋼やアルミニウムに比べて緻密で，強さが格段に優れるため，孔食は起こり難いことが知られており，海水中で孔食を起こすことはない。

なお，高温高圧のBr⁻イオン含有環境のような特殊な環境では，まれに腐食事例が見られる。

隙間部では図2.4に示すように酸素が不足した結果，金属と水が反応して水素イオン濃度が上昇（pHが低下）し，塩化物イオン（Cl⁻）が引き寄せられて不動態化皮膜が局部的に破壊されやすくなることにより，腐食が進行する。孔食と同様に隙間部では，Cl⁻の侵入，濃縮，pH低下などにより腐食性の条件となるため，本来，隙間がなければ，十分な耐性食を有し腐食が問題とならないような環境でも腐食が発生しうる。

塩化物環境でも比較的不動態皮膜が安定で孔食が起こりにくい純チタンでも，隙間が存在することにより隙間内部で環境が厳しくなると隙間腐食は発生する。図2.5にチタンの塩化物イオン存在下における耐隙間腐食性を示す。純チタンは汎用のオーステナイト系ステンレス鋼に比べると，より過酷な環境条件まで優れた耐隙間腐食性が維持される。しかし，高温かつ塩化物イオン濃度が高い場合には隙間腐食を生じる可能性がある。これに対して耐隙間腐食性向上に有効なPdを添加したチタン合金（Ti-0.15Pd合金）は，純チタンに比べて，より過酷な条件でも耐隙間腐食性を維持できる。

溶接部の耐隙間腐食性に関しては，図2.6に純チタンについて溶接金属部，熱影響部，母材部の隙間腐食発生率を示す。ここではJIS2種純チタンに対

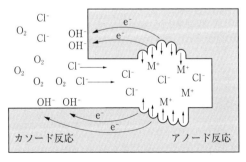

図2.4　隙間腐食の発生メカニズムの模式図[4]

第2章　チタンの種類と性質　147

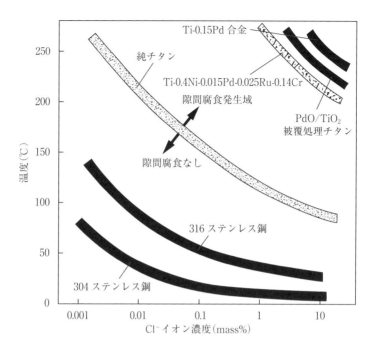

図2.5　チタン，チタン合金の塩化物環境における耐隙間腐食性[5]

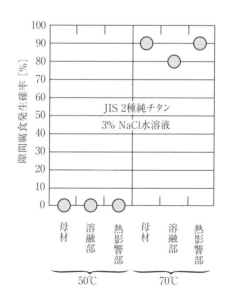

図2.6　純チタンの隙間腐食発生に及ぼす溶接の影響[6]

して3％のNaCl水溶液中，50℃と70℃での隙間腐食発生率を比較しており，50℃では溶接金属，熱影響部，母材部のいずれにも隙間腐食は発生しておらず，70℃では同程度の割合で隙間腐食が発生している。つまり比較的Fe含有量が少ないJIS 2種純チタンにおいては，溶接は耐隙間腐食性にあまり影響を与えないと考えられる。

(c) 応力腐食割れ

応力腐食割れ（Stress Corrosion Cracking, SCC）は，図2.7に示すように①材料，②応力，③環境の三要因によって支配される。溶接部では溶接残留応力が②の応力要因となることから，①材料と③環境がSCC発生要件を満たす場合には割れ発生のリスクがある。純チタン，チタン合金はオーステナイト系ステンレス鋼に比べてSCCを生じる環境は限られているといわれている。SCCを懸念すべき環境を表2.3に示す。高温塩化物環境の例のように純チタンでは感受性がないが，高強度チタン合金ではSCC感受性をもつケースがあるため，個別に留意しておく必要がある。

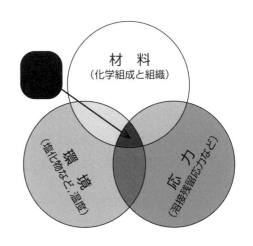

図2.7　応力腐食割れの発生要因

表2.3　チタン，チタン合金が応力腐食割れ感受性を有する腐食環境の例[5]

環　境	詳細環境	チタン・チタン合金
非水溶液	メタノール＋微量酸	純チタン
	赤色N_2O_4	Ti-6Al-4V
水溶液	塩水	高強度チタン合金
	高温高圧臭化物溶液	純チタン
高温塩化物	溶融ハロゲン塩	高強度チタン合金
液体金属	Hg, 溶融Cd	高強度チタン合金

2.2 チタンおよびチタン合金の規格

2.2.1 チタンの JIS 規格

チタンは工業材料と特殊材料に分けられる。

・工業材料

チタンの工業材料は炭素鋼，ステンレス鋼，アルミニウムなどと同様，板，棒，鍛造品などを合わせた展伸材と，さらに鋳造品などを加えた広義の展伸材(Mill Product)に加工された材料である。これらは次のように分けられる。

① 工業的に純度の高い工業用純チタンまたは CP チタン（Commercially Pure Titanium）

② 耐食性に有効な元素を添加した耐食性チタン合金および強度や加工性を高めるために合金元素を添加したチタン合金（Alloyed Titanium）。

日本では JIS で上記①と②を規定している。

通常純チタンといわれるのは，上記①の工業用純チタンである。なお JIS，ISO，ASTM などにおいては工業用純チタンをチタン(Titanium)と称する。

一般的に市場では，JIS によるチタンとチタン合金の両方を総合してチタンとよぶことが多い。本書でも特に断らない場合はこれに従うこととする。

・特殊材料

特殊材料には次のようなものがある。

① 工業用純チタンよりはるかに純度の高い高純度チタンでスパッタリングターゲット材などに使うもの。

② 超伝導 Nb 合金用チタン材料，形状記憶チタン合金，超塑性チタン合金，水素吸蔵合金などである。

通常市中においてチタンとよばれるのは工業材料のチタンである。本書では工業材料のチタンを中心に説明する。工業材料としてのチタンは製品形状ごとに JIS に規定されている。

溶接の対象になるチタンは圧延・押出し・鍛造などの加工材と鋳造品からなる広義の展伸材である。**表 2.4** にチタン関連 JIS 規格および外国規格例を番号とタイトルで示す。

表2.4 チタン関連JIS規格および外国規格例 2018年版改訂

番　号	年	名　称
JIS H 4600	2012	チタン及びチタン合金−板及び条
JIS H 4630	2012	チタン及びチタン合金−継目無管
JIS H 4631	2018	チタン及びチタン合金−熱交換器用溶接管
JIS H 4632	2018	チタン及びチタン合金−熱交換器用継目無管
JIS H 4635	2012	チタン及びチタン合金−溶接管
JIS H 4650	2016	チタン及びチタン合金−棒
JIS H 4657	2016	チタン及びチタン合金−鍛造品
JIS H 4670	2016	チタン及びチタン合金−線及び線材
JIS H 5801	2000	チタン及びチタン合金鋳物
JIS T 7401-1〜6	2002	外科用インプラント用チタン材料−1〜6
JIS G 3603	2012	チタンクラッド鋼(圧延クラッド鋼, 爆着クラッド鋼)
JIS Z 3331	2011	チタン及びチタン合金溶接用の溶加棒及びソリッドワイヤ
ISO 28401	2010	Light metals and their alloys−Titanium and titanium alloys -- Classification and terminology
ISO 18762	2016	Tubes of titanium and titanium alloys−Welded tubes for condensers and heat exchangers−Technical delivery conditions
ISO 24034	2010	Solid wire electrodes, solid wires and rods for fusion welding of titanium and titanium alloy
ASTM B265	2015	Standard specification for Titanium and Titanium alloy Strip, sheet, and plate
ASTM B348	2013	Standard specification for Titanium and Titanium alloy Bar and Billets
AMS 4899	2016	Titanium Alloy Sheet, Strip and plate

　工業用純チタン（CPチタン）は1種から4種に分けられる。その結晶構造は常温においては最密六方晶の α 型であり，変態温度以上では体心立方晶の β 型である。なお，常温において鉄は体心立方晶であり，アルミニウムやオーステナイト系ステンレス鋼は面心立方晶である。チタンは最密六方晶であるため塑性変形をはじめ多くの性質が異なっている。**図2.8** にチタンの結晶構造を示す。チタン合金は多くの成分系が有り，規格も多い。

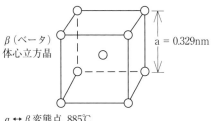

β（ベータ）
体心立方晶

$a = 0.329$nm

$\alpha \leftrightarrow \beta$ 変態点, 885℃

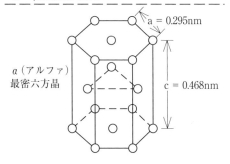

α（アルファ）
最密六方晶

$a = 0.295$nm
$c = 0.468$nm

図2.8　チタンの結晶構造

第2章 チタンの種類と性質　　151

　チタン合金とはチタンに種々の合金元素を組み合わせて添加したものである。常温における結晶構造により α 型，β 型および α−β 型の 3 種類の合金に大別される。

　チタン合金の種類は多いが規格別に見ると Ti-6Al-4V（6%Al-4%V，残り Ti，6−4 合金 α−β 型）が主流である。

　工業用純チタンでは，チタンに含まれる微量の酸素，鉄および窒素の値によって，機械的性質が変わる。工業用純チタンとチタン合金（Ti-6Al-4V）の規格ごとの化学成分（抜粋）を**表 2.5** に，機械的性質の主な項目を抜粋して**表 2.6** に示す。

　本書の第 1 部におけるチタンの規格を表記する方法として下記の例に従って行うこととする。

　・純チタン板（JIS H 4600）の例：純チタン板 2 種 TP340
　・純チタン溶接管（JIS H 4631）の例：純チタン溶接管 2 種 TTH340

表2.5　チタンおよびチタン合金の規格別化学成分例（mass%）（JIS H 4600抜粋）

種類	記号	N	C	H	Fe	O	Al	V	Ti
1種	TP270	0.03 以下	0.08 以下	0.013 以下	0.20 以下	0.15 以下	—	—	残部
2種	TP340	0.03 以下	0.08 以下	0.013 以下	0.25 以下	0.20 以下	—	—	残部
3種	TP480	0.05 以下	0.08 以下	0.013 以下	0.30 以下	0.30 以下	—	—	残部
4種	TP550	0.05 以下	0.08 以下	0.013 以下	0.50 以下	0.40 以下	—	—	残部
60種	TAP6400	0.05 以下	0.08 以下	0.015 以下	0.40 以下	0.20 以下	5.5〜 6.75	3.50〜 4.50	残部

表2.6　チタンの規格別機械的性質例（JIS H 4600抜粋）

種類	記号	引張強さMPa	耐力MPa	伸び%
1種	TP270	270〜410	165以上	27以上
2種	TP340	340〜510	215以上	23以上
3種	TP480	480〜620	345以上	18以上
4種	TP550	550〜750	485以上	15以上
60種	TAP6400	895以上	825以上	10以上

（注：板厚1種〜4種＝0.2mm以上50mm以下。60種＝0.5mm以上100mm以下）

152　第2部　基礎編

2.2.2　チタンの国際規格

チタンの規格には，国際標準規格として ISO 規格があり，また，各国の規格，例えば米国の ASTM，AMS，ASME，M1L，中国の GB，ロシアの GOST，ドイツの DIN などがある。表 2.4 にチタン関連国際規格の例として ISO と ASTM および AMS の規格を示した。

JIS 規格の制定時には主に ISO を十分にチェックして，主な国際規格との整合性を考慮している。ただし，成分範囲など細かな点については，規格ごとに微妙に異なる箇所があるので，外国規格での受注時には注意が必要である。

2.3　チタン溶接材料の種類と性質

2.3.1　溶加材の JIS 規格

溶接中に付加される金属材料を溶加材（filler metal）という。溶加材には棒状の溶加棒（filler rod）とコイル状の溶接ワイヤ（welding wire）がある。

溶加棒や溶接ワイヤは日本では JIS Z 3331 で規定されている。**表 2.7** に「チ

表2.7　チタン及びチタン合金溶接用の溶加棒及びソリッドワイヤ（JIS Z 3331）規格（抜粋）

種　類	記　号	化学成分(mass%)							参考
		C	O	N	H	Fe	Al	V	2002年版棒
S Ti 0100	Ti 99.8	0.03 以下	0.03〜 0.10	0.012 以下	0.005 以下	0.08 以下	−	−	
S Ti 0100J	Ti 99.8J	0.03 以下	0.10 以下	0.02 以下	0.008 以下	0.20 以下	−	−	YTB 270
S Ti 0120	Ti 99.6	0.03 以下	0.08〜 0.16	0.015 以下	0.008 以下	0.12 以下	−	−	
S Ti 0120J	Ti 99.6J	0.03 以下	0.15 以下	0.02 以下	0.008 以下	0.20 以下	−	−	YTB340
S Ti 0125	Ti 99.5	0.03 以下	0.13〜 0.20	0.02 以下	0.008 以下	0.16 以下	−	−	
S Ti 0125J	Ti 99.5J	0.03 以下	0.25 以下	0.02 以下	0.008 以下	0.30 以下	−	−	YTB480
S Ti 0130	Ti 99.3	0.03 以下	0.18〜 0.32	0.025 以下	0.008 以下	0.25 以下	−	−	
S Ti 0130J	Ti 99.3J	0.03 以下	0.35 以下	0.02 以下	0.008 以下	0.30 以下	−	−	YTB550
S Ti 6400	TiAl6V4	0.03 以下	0.12〜 0.20	0.030 以下	0.015 以下	0.22 以下	5.50〜 6.75	3.5〜4.5	
S Ti 6400J	TiAl6V4J	0.03 以下	0.20 以下	0.05 以下	0.0125 以下	0.33 以下	5.50〜 6.75	3.5〜4.5	YTA 6400

タン及びチタン合金溶接用の溶加棒及びソリッドワイヤ」規格（JIS Z 3331）の抜粋を示す。なお，チタン線の規格（JIS H 4670）はチタン溶加材の規格（JIS Z 3331）とは異なるので溶加材と混用してはならない。

　本書の第1部におけるチタン溶加材の規格を表記する方法として，下記の例に従って行うこととする。

　・純チタン溶接棒（JIS Z 3331）の例：純チタン溶加棒 STi0120J（YTB340）

2.3.2　溶加材の国際規格

　チタン溶加材の国際標準規格 ISO は ISO 24034：2010 で規定され，米国の AWS 規格では AWS A5.16/A5.16M.2013 により規定されている。

　JIS Z 3331：2011 は上記の AWS 規格および ISO 24034 との整合性をとったので相互に大きな違いはない。2011 年版は ISO に整合させたため従来の JIS Z 3331：2002 年版とは種類や記号の表記が大きく変わった。そのため，使用者の便宜を考えて，2011 年版 JIS においては参考として 2002 年版の名称も併記してある。また，ISO に準拠した成分系のほかに 2002 年版で使用してきた日本特有成分が「J 付き規格」で含まれているので注意する必要がある。また 2002 年版の名称も参考として表に記したという経緯がある。

　JIS および外国規格の溶加材は種類が同じなら，（例えば 2 種どうしなら）基本的にほぼ同様な性質である。しかし，規格上の成分範囲は数値的にわずかに違う場合がある。外国関係の注文品では ISO や AWS 規格などで指定されることがあるので，契約上の規格材の使用には十分注意する。**表 2.8** にチタン溶加棒およびワイヤの ISO 規格（抜粋）を，**表 2.9** にチタン溶加棒およびソリッドワイヤの AWS 規格（抜粋）を示す。

表2.8　チタン溶加棒およびソリッドワイヤのISO規格（ISO 24034抜粋）

| Alloy symbol | | Chemical composition,%(by mass)[a] | | | | | | |
numerical	chemical	C	O	N	H	Fe	Al	V
Ti 0100	Ti99.8	0.03	0.03 to 0.10	0.012	0.005	0.08	–	–
Ti 0120	Ti99.6	0.03	0.08 to 0.16	0.015	0.008	0.12	–	–
Ti 0125	Ti99.5	0.03	0.13 to 0.20	0.02	0.008	0.16	–	–
Ti 0130	Ti99.3	0.03	0.18 to 0.32	0.025	0.008	0.25	–	–
Ti 6400	TiAl6V4	0.05	0.12 to 0.20	0.030	0.015	0.22	Al5.5 to 6.7	V3.5 to 4.5
Ti 6402	TiAl6V4B	0.03	0.08	0.12	0.005	0.15	Al5.50 to 6.75	V3.50 to 4.50

＊Single values are maxima,unless otherwise noted

154　第2部　基礎編

表2.9　チタン溶加棒およびソリッドワイヤのAWS規格（AWS A5.16抜粋）

Alloy symbol			Chemical Composition Requirements,%(by mass)						
numerical	AWS A5.16/A5.16M Classification	chemical	C	O	N	H	Fe	Al	V
Ti 0100	ERTi-1	Ti99.8	0.03	0.03 to 0.10	0.012	0.005	0.08	–	–
Ti 0120	ERTi-2	Ti99.6	0.03	0.08 to 0.16	0.015	0.008	0.12	–	–
Ti 0125	ERTi-3	Ti99.5	0.03	0.13 to 0.20	0.02	0.008	0.16	–	–
Ti 0130	ERTi-4	Ti99.3	0.03	0.18 to 0.32	0.025	0.008	0.25	–	–
Ti 6402	ERTi-5	TiAl6V4B	0.05	0.12 to 0.20	0.030	0.015	0.22	5.50 to 6.75	3.50 to 4.50

＊Single values are maxima,unless otherwise noted

2.3.3　チタン溶加材の材質上の留意点

（1）ソリッド材
　チタンの溶接において薄物では溶加材なしのノン・フィラー溶接（"メルトラン"または"なめ付"ともいう）を行うが，厚物では2.2.1項および2.3.1項で述べた溶加棒またはワイヤを用いる。被覆材やフラックスは用いない。

（2）適用母材
　溶加材は基本的には母材と同種成分の材料を使う。すなわち共金（ともがね）を用いる。しかし，厳密には溶加材の化学成分値は母材の成分値よりやや狭い範囲に設定されている。また規格上異なる種類の母材への適用が行われる。溶加材の規格ごとに適用できる母材の範囲は参考として JIS Z 3331 の付属書JAに記載してある。**表2.10** にチタン溶接棒およびワイヤの種類の主な適用母材例（抜粋）を示す。

表2.10　チタン溶接棒およびソリッドワイヤの種類の主な適用母材例（抜粋）

棒および ワイヤの種類	主な適用母材の種類	引張強さ MPa
S Ti0100	JIS H 4600, JIS H 4630, JIS H 4631, JIS H 4635, JIS H 4650, JIS H 4657およびJIS H 4670の1種	270 – 410
S Ti0100J		
S Ti0120	JIS H 4600, JIS H 4630, JIS H 4631, JIS H 4635, JIS H 4650, JIS H 4657およびJIS H 4670の2種	340 – 510
S Ti0120J		
S Ti0125	JIS H 4600, JIS H 4630, JIS H 4631, JIS H 4635, JIS H 4650, JIS H 4657およびJIS H 4670の3種	480 – 620
S Ti0125J		
S Ti0130	JIS H 4600, JIS H 4630, JIS H 4635, JIS H 4650 およびJIS H 4657の4種	550 – 750
S Ti0130J		

(3) チタンとチタン合金の溶接

例えば純チタン板2種 TP340 とチタン合金板 TAP6400 を溶接する場合の溶加棒は一般に合金成分の少ない純チタン板2種の成分に合わせ STi0120J (YTB340) を用いる。この場合,金属的な接合は縦曲げ試験などで確認されているが,機械的性質については板厚や溶接形状によって変わるので,注意が必要である。 表2.11 に突合せ溶接のティグ溶接条件を示す。図2.9 に純チタン板2種と 6Al-4V 合金板を純チタン2種溶加棒で溶接した際の縦曲げ試験結果および図2.10 に溶接部の硬さ分布測定結果を示す。溶接継手曲げ試験は JIS Z 3122「突合せ溶接継手の曲げ試験方法」の縦表曲げ試験および縦裏曲げ試験

表2.11 ティグ溶接条件

| 溶加棒 || 電流 | 電圧 | 溶接速度 | Arガス流量(ℓ/min) |||
規格	径(mm)	(A)	(V)	(cm/min)	トーチシールド	アフターシールド	バックシールド
STi0120J (YTB340)	2.0	100	15	10	12	25	25

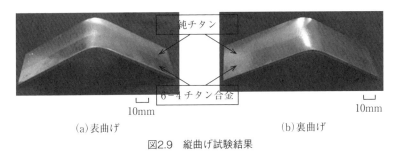

(a) 表曲げ (b) 裏曲げ

図2.9 縦曲げ試験結果

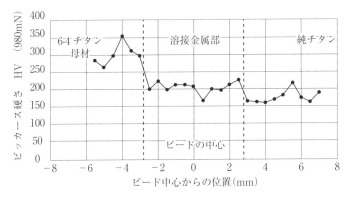

図2.10 純チタンと6-4チタン合金の突合せ溶接部硬さ分布

表2.12 純チタンと6-4チタン合金突合せ溶接継手の縦曲げ試験検査証明書(抜粋)

供試材 sample No.	試験片符号 Test No.	試験の種類 The Kind of the examination	試験片:Specimen 厚さ Thickness (mm)	幅 Width (mm)	曲げ試験:Bend Test 曲げ半径 Radius of Bend	曲げ試験 Angle of Bend	状態 Condition	判定 Judgement	備考 Remarks
純チタン ｜ 6-4チタン	A	縦曲げ:Longitudinal Bend	2.78	40.05	18.0	105°	No crack	合格	裏曲げ
	B	縦曲げ:Longitudinal Bend	2.78	40.17	18.0	105°	No crack	合格	表曲げ

を行った。ローラ曲げ試験,縦曲げ試験における曲げ角度(105°)と曲げ半径(厚さの6倍)はJIS H 4600表3の6-4合金に準拠した。表2.12に曲げ試験検査証明書の抜粋を示す。

(4) 角棒

チタン溶加材の種類によっては,希望する規格の市販品がない,または入手しにくい場合がある。この際には使用者自らが母材または母材と同成分の板を切断して溶加材を作る。これを角棒または板切溶加棒とよぶ,一般的には,薄板をシヤ切断し,かえりやバリをとり,付着した油分や汚れを取り去る。形状は手溶接が可能な範囲で角形でもよい。これはJIS Z 3331で認められた方法である。留意点はシヤ潤滑油が切断面にしみこんでいるのでそれをきちんと除去すること,かえりやバリを除去することである。写真2.1にチタンの板切り溶加棒を示す。

写真2.1 チタン板切溶加棒[7]

第**3**章

チタン溶接技術の基礎

3.1 溶接性

　チタンは溶接時の組織変化による性能の劣化の生じやすさという視点でみた溶接性は非常に優れているが，事例編に示すようにチタンの溶接トラブル事例の多くは，大気をはじめとするガス成分（O，N，H）との反応に関連して生じている。ここでは，チタンをアーク溶接した際のガス成分の吸収特性およびガス成分の吸収が使用性能（硬さ，延性，じん性）に及ぼす影響について基礎的に概説する。

3.1.1 溶接金属のガス吸収特性

　チタンはガス成分の原子（O，N，H）の固溶度が鉄鋼に比べて極めて大きく，例えばOは**図 3.1**に示すように固相においても融点から600℃までの範囲では約14％のOを固溶できる。Nについても同様の傾向をもつ。またこれらのガス成分により機械的性質が大きく劣化しうる。

　図 3.2はティグ溶接のトーチ・シールドガスとして用いるアルゴン中に含まれる空気の量と溶接金属に吸収されたガス成分（N，O）の量の関係を示している。純チタン2種（TP340）の板材に溶接材料を用いずにビードオン溶接することによって得られた溶接金属での試験結果であり，図の縦軸は溶接金属のO，N量から純チタン母材に含まれていたO，N量を差し引いた値である。溶接金属中のO，N量はシールドガス中の空気量の増加にともない著しく増加しており，空気中の含有比が高いNの方がOよりも5倍程度多く吸収される。

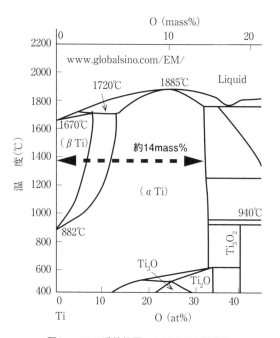

図3.1 Ti-O系状態図におけるOの固溶度

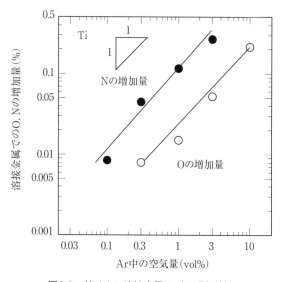

図3.2 純チタン溶接金属のガス吸収特性

3.1.2 ガス成分と機械的性質

図 3.3 に示すようにシールドガスからの O, N の吸収にともない溶接金属の硬さは大きく増大する。溶接金属の硬さに及ぼすガス成分（N, O, H）の影響を実験式的に定量化した結果を図 3.4 に示す。溶接金属のビッカース硬さは、次の実験式にて見積もられる。

$$HV = 890[O] + 300[N] + 82 \cdots (3.1)$$

なお、[O], [N], [H]の単位は以下すべて（%）とする。

O, N が 0.1% 増えることにより、硬さがそれぞれ 89HV, 30HV 上がるものと概算される。

図 3.4 から明らかなように H の量が 1 桁増加しても硬さは影響を受けていないことからこの実験式には[H]は含まれていないが、後述するように[H]が機械的性質に必ずしも無害ということではない。

溶接施工法確認試験では溶接継手曲げ試験が必要となる。図 3.5 には板厚の 4 倍の曲げ半径にて 180° 曲げを行なった後の曲げ表面での割れ発生の有無に及ぼす O, N の影響を示す。この図における割れ有無の判定は目視で認めら

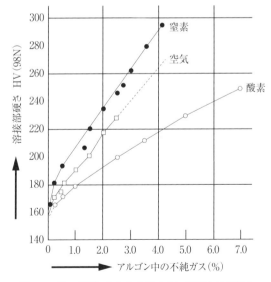

図3.3　ガス吸収にともなう純チタン溶接金属の硬化

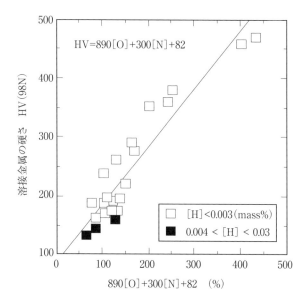

図3.4 ガス成分(N,O,H)による純チタン溶接金属の硬化

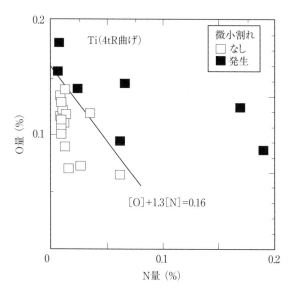

図3.5 純チタン溶接継手の曲げ試験時の微割れ感受性に及ぼすガス成分(O, N)の影響

れた微小な割れをすべて含めた結果であることから，一定寸法（例えば合計が3mm）以下の割れを容認する各種規格での合否基準とは必ずしも一致せず，より厳格な判定となっている。O，Nが曲げ延性を低下させることから溶接金属中のO，Nの量が高い範囲で割れが生じるようになる。微小な割れの発生限界を実験式により定量化すると

$$[O] + 1.3[N] < 0.16\ (\%) \cdots\cdots (3.2)$$

となる。純チタンの強度は主としてOの量により調整されているため強度グレードの高い純チタンほど曲げ延性からみた許容されるO吸収量が小さくなることから，より厳格なガスシールドの管理が必要となる。

図3.6に溶接金属のじん性(0℃でのシャルピー吸収エネルギー)に及ぼすO，N，Hの影響を示す。O，N，Hはいずれも吸収エネルギーを低下させるがその影響度は実験式として次式で定量化される。

$$vE_o\ (J/cm^2) = -450[O] - 230[N] - 5500[H] + 170 \cdots\cdots (3.3)$$

実験式の適用範囲は，

$0.06 < [O] < 0.13,\ 0.01 < [N],\ 0.4,\ 0.002 < [H] < 0.02$ である。

じん性低下への影響はNに比べてOの方が大きいがHの影響が特に大きい。

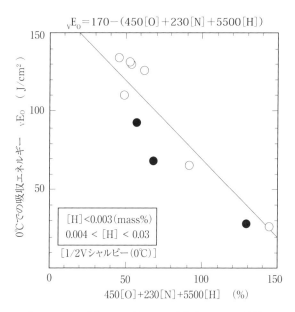

図3.6　ガス成分による純チタン溶接金属のじん性低下

O，N は溶接金属中にかなり固溶するが H はチタンへの固溶度が約 0.002% と小さいため大部分は水素化物を形成し，そのくさび効果により微量でもじん性を大きく低下させる。したがって，H の吸収は硬化に寄与しないということで軽視すべきではない。

　以上の観点からチタンの溶接に用いられる溶接法は鉄鋼材料で多く用いられている溶接法の中で O，N の吸収防止の管理が可能なものに限定される。したがって，被覆アーク溶接法やシールドガスに CO_2 や H_2，O_2 を添加したガスシールド溶接法（炭酸ガスアーク溶接，マグ溶接など）を用いることはできない。

3.2　接合方法

3.2.1　接合方法の種類

　チタン溶接を考える際に，本書の事例で扱わない分野へも範囲を拡げて接合の領域から全体の概要を見てみよう。

　チタンに限らず金属の接合法は，冶金的接合（溶接），機械的接合および化学的接合に大別される。**図 3.7** にチタンの接合技術の種類を示す。チタンは鉄鋼やステンレス鋼などで行われる接合技術のほぼすべてが適用できる。

（1）冶金的接合（溶接）

　溶接（Welding）は熱または圧力もしくはその両方を使って材料を冶金的に接合する方法である。

　溶接をさらに分けると母材や溶加材を溶融し接合する「溶融溶接」または「融接」（Fusion welding），材料を溶融せずに圧力をかけて接合する「圧接」（Pressure welding），母材よりも低い融点をもったろう材を溶かし毛細管現象を利用して接合面同志を接合する「ろう接」（Brazing）がある。

　写真 3.1 にチタン溶融溶接の例として二輪車マフラーを示す。

　写真 3.2 にろう付で製作したチタン製熱交換器の切断面を示す。薄板どうしの接点はろう付され，隣り合ったそれぞれの通路を温い液体（または気体）と冷たい液体（または気体）が通る。

　ある場合には溶接を溶融溶接に絞って，圧接やろう接を別に区分することもあるが，ここでは上記の定義に従って溶接として考える。技術の進歩により，

摩擦攪拌接合(FSW：Friction Stir Welding)などの新技術が開発されてきている。これらも広義の溶接の分野に含まれると考える。また，溶接を応用して3Dプリンターによる積層造形（AM：Additive Manufacturing）なども検討されており，分類方法については諸説がある。

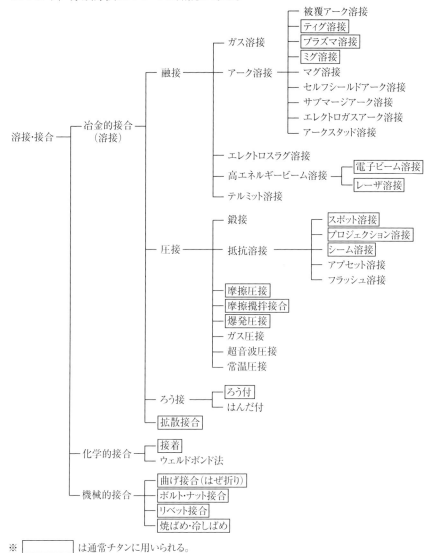

※ ☐ は通常チタンに用いられる。

図3.7　チタンの接合技術の種類

写真3.1　2輪車のチタン製マフラー[1)][巻頭にカラー写真掲載]

写真3.2　チタン製熱交換器切断面（東京ブレイズ製）[2)][巻頭にカラー写真掲載]

(2) 化学的接合（接着）

(a) 狭義の接着

接着は接着材料を使って，化学的な力によって2つの面を結合することである。接着材料を適切に選択することにより金属とプラスチック，繊維とゴムなど異種材料との接着が可能であり，接着面を広くとれば接着強度を上げられる。また，「疲労耐久性が優れている」，「耐振動性や耐絶縁性も良好である」などの長所がある。接着で使用する接着剤は固化して剥離抵抗力を発揮する。

(b) 粘着

接着の一部に粘着がある。粘着は粘着剤として高粘性の液体またはゲル状固体を使用する。粘性は使用中継続している，すなわち固化しない。

(c) 接着の将来

これまで接着はチタンをはじめ，各種金属の構造物の接合では考慮されることがほとんどなかった。しかし，最近接着材料の進歩により，航空機，自動車

をはじめ食用の缶詰用缶などに使われている。さらに最近は構造物への利用の可能性を検討する動きが出ている。チタンに採用される日も近いと思われる。

(3) 機械的接合

機械的接合では材料は組織的には一体化しておらず、機械的な組み合わせにより接合する方法である。機械的接合には、(a)曲げの組み合わせ、(b) ボルト・ナット接合（ファスナー接合）および(c)リベット接合がある。チタンの機械的接合は進歩しつつある。

(a) 曲げ接合

曲げ接合の例としては、チタン屋根において一文字葺きで「はぜ折り」が使われている。**写真3.3**にチタンを一文字葺きした五重塔屋根（東京都、傳乗寺、2005年建設）を示す。

写真3.3　チタン屋根の五重塔
（東京都傳乗寺2005年建設）[3]
［巻頭にカラー写真掲載］

(b) ボルト・ナット接合

ボルトナット接合では穴を開けて重ねた母材にボルトを通し、反対側からナットでねじ止めする方法である。接合部を外すことができる。ボルト・ナットをファスナー材とよび、ボルト・ナット接合をファスナー接合ともいう。

チタン製ファスナー材の加工技術は進歩しつつあり、機械切削に加えて、転造・鍛造などの塑性加工による製作が増えている。

ボルト・ナット接合（ファスナー接合）の例では将来のJIS規格化を念頭に、FRS規格「純チタン製ねじ規格」および「Ti-6Al-4V　チタン合金ねじ規格」が設定されている。

本書では溶接を中心に進めるので、機械的接合の詳細には触れないが接合法の選択肢として常に念頭に置く必要がある。

チタンをボルト・ナット接合した構造物を湿潤環境で使用すると隙間腐食を起こす可能性がある。また、異種材を接合した場合は環境により電気腐食（Galvanic corrosion）を発生する恐れがある。隙間腐食や電気腐食には設計も含めて注意が必要である。

(c)リベット接合

リベットはボルトに似た形状であるが，軸にねじ部がない頭付きのものである。これを締結部に開けた穴に通し軸部を両側から圧縮し，かしめて継手とする，これをリベット接合という。長所として，ボルト締めと比べて，使用中に外れる恐れがなく信頼性が高い。短所として当然ながらボルトのような接合のやり直しはできない。また，かしめのための特別な工具が必要である。

チタン製ブラインドリベットも製造されている。ブラインドリベットを使用した場合は表側からだけの作業で(裏側からの工具を必要とせずに)かしめ作業が可能である。

3.3 融 接

3.3.1 ティグ溶接

チタンの溶融溶接において，一般的に最も多く用いられているのはティグ溶接である。ここではまず，ティグ溶接を主に念頭に置きながらチタンの溶融溶接での留意点の概要を紹介しよう。チタン溶融溶接の留意点はティグ溶接で代表できる。ほかの溶接技術についての特有の留意点は後に述べる。

チタンの溶融溶接で採用される溶接工法はほとんどステンレス鋼などと同じである。それにもかかわらず，チタンが難溶接材といわれることが多い。これはチタンの高温における反応性が非常に高いことが大きな理由の一つである。

(1)チタンの反応性

金属チタンの表面は通常，常温において薄い酸化皮膜で覆われている。このチタン酸化皮膜は不動態である。この酸化皮膜が金属チタンを保護するためにチタンの耐食性が高い。しかし，チタンが高温になるとその酸化皮膜は成長し厚くなる。その際酸化皮膜の下の金属チタンには酸素が富化される。酸素が富化したチタン層(aケース)は硬さが上がり，ぜい性が増す。溶接時に酸化皮膜の成長を防ぐためにチタン温度を何度以下にすべきかについては，目標の品質レベルにより変わるので固定した値は決められない。判断基準の例として，日本では350℃以下，米国では800°F (427℃)以下とされることが多い。

チタンの酸化皮膜は透明である。しかしその厚さにより，皮膜を通過した反

射光が光の干渉により発色して見える。発色の詳細については3.3.2項で詳しく述べる。

チタンの表面温度が650℃を超えると空気中で激しく酸化し白色や黄白色の粉末状酸化物すなわちスケールを発生する。

チタンは溶融状態では非常に反応性が高い。そのため耐火物（酸化ケイ素，酸化ジルコニウム，酸化アルミニウム，酸化マグネシウム）やほかの金属などと反応してもろい化合物や金属間化合物などを作る。また，油（炭水化物，窒素化合物），ほこり(Si，Al，Fe などの酸化物，衣類などの有機化合物のくず)，湿分(酸素と水素)と反応して，各種化合物をつくり，溶接部品質を劣化させる。これらの溶接部に品質を劣化させる物質を「汚れ」という。チタン溶接では一般的にコンタミネーション(Contamination)と称している。

チタンの溶接においては「いかにコンタミネーションを防止するか」が重要である。詳細は3.3.2項を参照されたい。コンタミネーション防止には手数とコストがかかる。しかし，コンタミネーション防止が，チタンの溶接品質を安定的に確保するために最も重要なことである。チタンが難溶接材としばしばよばれるのはこのコンタミネーション対策が難しいことが大きな理由である。

(2) ティグ溶接の原理

ティグ溶接は Tungsten Inert Gas Welding から来た言葉で，TIG 溶接ということもある。GTAW（Gas Tungsten Arc Welding）ともいう。JIS ではティグ溶接と称する。

原理的には非溶融電極としてタングステンを用い，母材との間に電圧をかけ，アークを発生しその熱で母材および溶加材を溶融し溶接する。その際，電極，アーク，溶融池，高温域の溶接ビードおよび熱影響部を不活性ガス（Inert Gas)で保護し空気から遮断する。これをシールドという。

チタンのティグ溶接では一般的に直流を使用する。母材側をプラス，電極側をマイナスとし，母材側を接地（アース）する。これを DCEN（Direct Current Electrode Negative)または正極性(Straight Polarity=DCSP)とよぶ。高周波を重畳することもある。タングステン電極は溶接時の高温でも溶融しない。電子はマイナスのタングステン電極から放出されプラスのチタン材に当たる。このため比較的にチタン材が高温になり電極の昇温を抑制している。ティグ溶接を非溶極式イナートガス溶接（Non Consumable Electrode Inert Gas Welding）ともよぶ。後に説明するミグ溶接は電極に溶加材としてのワイヤを使い，それを

溶融するので溶極式（Consumable Electrode）という。図3.8にチタンティグ溶接装置の構成を，チタンティグ溶接の原理を図3.9に示す。

ティグ溶接の作業方法として，手溶接と半自動または自動ティグ溶接がある。

ティグ手溶接はトーチの角度，アーク長などの操作と溶接速度・走行および必要に応じて溶加材の送給を手動で行う。自動ティグ溶接の場合は自動で行う。

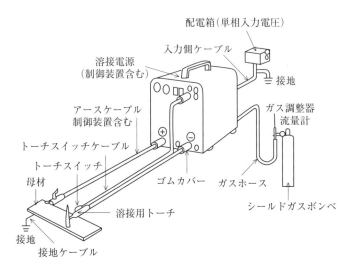

図3.8　ティグ溶接装置の構成[4]

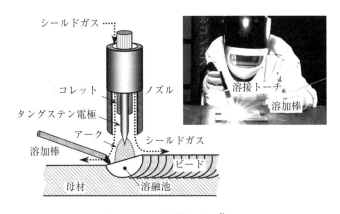

図3.9　ティグ溶接の原理[5]

半自動ティグ溶接では溶接ワイヤの供給を自動で行い，トーチ角度やアーク長などのトーチ操作および溶接速度・方向などの走行操作を手で行う。

比較すると，手溶接の場合はトーチ角度，アーク長および溶接速度が正確に設定するのが難しく，個人差があり，また同じ作業者でも溶接の時期により差が出やすい。そのため個人の技能に大きく影響される。長所として，板厚，ルート間隔および溶接部形状の変化にも対応した溶接速度などの条件が選べる。多品種を行う場合にも進めやすい。半自動や全自動溶接は一度条件を設定すると，設定どおりに稼働する。しかし，溶接用に提供された板厚，ルート間隔，形状などが一定の範囲に収まっていることが必要で，もしこれが前工程の製作精度などでバラツキが大きいと溶接欠陥になる可能性がある。また，与えられた条件に適した溶接条件を事前にデータとして把握しておき，インプットすることが必要である。

そのため，少量多品種の条件が多い日本では，チタンのティグ溶接は手溶接が主流である。今後一定形状の溶接を多量に行えるようになれば自動，半自動ティグ溶接またはミグ溶接が効果を示すであろう。

(3) シールドジグ

チタンティグ溶接の特徴として，通常大気中で使用する場合，不活性ガスにより電極と溶融池はトーチシールドで保護されているが，溶接後のビードおよび熱影響部を約350℃以下の低温になるまでシールドする必要がある。[3.3.1項(1)参照] これをアフターシールドまたはトレーリングシールド（Trailing Shield）という。

また，溶接部反対側すなわち突合せ溶接では裏側，T継手溶接では，溶接部の裏側2か所もシールドする。これをバックシールド（Backup Shield）という。

このアフターシールドとバックシールドが，チタンティグ溶接の特徴である。

トーチシールドは，市販のトーチに組み込まれている。

アフターシールドジグとバックシールドジグは，市販品は一定の条件を前提とした製品なので，溶接技術者は個々の対象物に合わせて最適なジグを設計し製作する必要がある。

一般的にシールドジグは各社の重要なノウハウとして社外秘扱いとなっている。これもチタンの溶接が難しいといわれる1つの理由である。アフターシールドやバックシールドジグを使わない方法も工夫されている。これは後の3.3.2項で述べる。**図 3.10** に板の突合せ溶接用アフターシールドの構造の一例，**写**

真3.9にアフターシールドジグの外観，図3.11に板の突合せ溶接でのバックシールドの構造，写真3.10にその外観写真，図3.12にT継手溶接時のバックシールドの構造を示す。

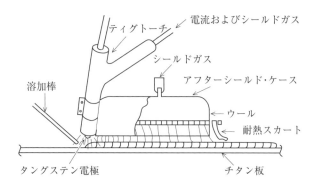

図3.10 板の突合せ溶接用アフターシールドジグの構造の一例[6]

写真3.9 アフターシールドジグの外観

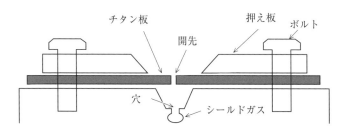

図3.11 板の突合せ溶接時のバックシールドの構造[6]

写真3.10　バックシールドジグの外観

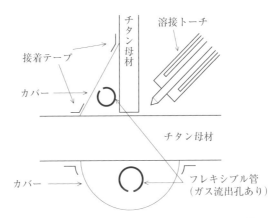

図3.12　T型溶接時のバックシールドのイメージ[6]

(4) 装置
(a) 電源
チタンのティグ溶接用の電源装置は通常の炭素鋼やステンレス鋼用の電源と基本的に同じでよい。電源装置は GTAW である。チタンのティグ溶接を行うときの極性は DCEN 方式である。

チタンではスクラッチスタートを行ってはならない。高周波スタートを行うので，高周波スタートのしやすい電源とする。トーチからのシールドガスにつ

いてプリフローとアフターフローを行うので，操作のしやすいもの，フロー時間を適正にとりやすいパネルが望ましい。

(b)シールドガス・システム

アフターシールドとバックシールドのガスシステムは独立して別系統で設置する。システムには圧力計，流量計，配管，開閉バルブが各系統独立して必要である。

(c)トーチ

チタンのティグ溶接用トーチは通常の炭素鋼用やステンレス鋼用と同様でよい。トーチのシールドガスシステムもチタン用として特別なものは不要である。形状は標準タイプやペンシルタイプなどがある。溶接条件に応じて選択する。

トーチには空冷式と水冷式がある。チタンは溶融温度が1,668℃と高く，また，母材の熱伝導度が低いのでトーチの温度が上がりやすいため，溶接時の使用率が高いときは水冷式が望ましい。使用率が低い場合はトーチの操作性の点から軽い空冷式が望ましい。

スイッチ方式には手元スイッチと足元(フット)スイッチがある。チタンティグ溶接ではアーク長の許容範囲が狭いので，手溶接の場合トーチの「振れ」は品質低下につながる。それを防ぐ意味でフットスイッチを使うことが望ましい。

トーチのノズルはシールドガスの流れを穏やかな層流にし，溶融池とその周辺を空気からシールドする。そのため直径の大きな形状・寸法のガスカップとガスレンズが必須である。なお，透明なノズルカップを使用するとタングステン電極の先端が見やすい。

(5)タングステン電極

(a)種類と成分

ティグ溶接用の電極はタングステン電極を使用する。日本ではJIS Z 3233「イナートガス溶接並びにプラズマ切断及び溶接用タングステン電極」で規定されている。

タングステン電極を成分的に分類すると，純タングステン，酸化トリウム(ThO_2)入り，酸化ランタン(La_2O_3)入り，酸化セリウム(Ce_2O_3)入り，酸化ジルコニウム(ZrO_2)入りなどがある。また，JISに規定されていないが酸化イットリウム入りタングステンがある。端部に色をつけて識別する。アークスタートの容易さ，電流値の許容度，寿命の向上を目的として成分系が検討されている。チタンティグ溶接用には，個々の溶接条件に適した成分系を探す。

(b) 電極の形状

電極の直径は溶接電流の大きさで選択する。チタンのティグ溶接では一般的に溶接電流が 70 ～ 150A では電極径 1.6mm, 100 ～ 250A では電極径 2.4mm 程度がよく使われる。

チタンのティグ溶接では電極先端形状の管理が重要である。チタンの溶融温度は鉄鋼やステンレス鋼に比べて高いので，電極の消耗が大きい。溶接中定期的に先端形状を正しく保つようステンレス鋼やアルミニウムのティグ溶接よりも頻繁に研削をすることが必要である。研削するとき，電極の先端角度（Included Angle）は溶接電流によって変わる。チタンでは一般に溶接電流 250A 以下の場合は 30°～ 50°, 250A 以上では 45°～ 60°程度がよく採用される。

電極先端はとがったままにせず，ごく先端を平坦にする。先端がとがったままであると，通電初期に先端部が溶けて先端形状が崩れ，アーク状態が不安定になるからである。先端チップ平坦部の直径は 0.5mm ～ 1.0mm 程度がよい。**写真 3.4** にタングステン電極の消耗部の一例を示す。

チタンのティグ溶接の場合適正条件が鉄鋼やステンレス鋼に比べて狭い。3.3.1 項 (2) で述べたように，手溶接ではアーク長，溶接速度およびトーチ角度などは目標値を決めても実際作業時には一定値になりにくく個人差が大きい。したがって手溶接の際は作業を安定化すると同時に電極についても作業条件に適した電極成分，電極径，先端角度と先端ポイント直径を見出すことが必要である。

写真3.4　タングステン電極の先端消耗部[7]

(6) シールドガス

(a) シールドガスの成分

チタンのティグ溶接に使うシールドガスは主にアルゴンである。炭酸ガスや窒素ガスは溶融チタンと反応するのでシールドガスには使わない。特別な場合ヘリウムを単独またはアルゴンと混合して使用する。日本では高価なヘリウムはあまり使われない。

アルゴンは無色，無臭，無毒である。液体アルゴンの密度は $1.4kg/\ell$，ガス密度 $1.78g/\ell$，ガス比重は空気（$1.293g/\ell$）に対し比重 1.38 倍，沸点 $-186℃$，分子量 39.95 である。非常に反応しにくく不活性ガス（Inert Gas ＝イナートガス）の代表である。ちなみにアルゴンとは「働かない」「反応しない」の意味からつけられた名前である。

使用するアルゴンは JIS K 1105「アルゴン」および JIS Z 3253「溶接及び熱切断用シールドガス」で規定されている。アルゴンは JIS K 1105 において純度により 2 つの級に分けられている。1 級はアルゴンが 99.999%，2 級は 99.995% の 2 種類である。1 級の露点は $-65℃$ 以下である。これは体積比率で水分が 5.5ppm 以下に相当する。2 級の露点は $-60℃$ 以下で水分が 10.7ppm 以下に相当する。また，アルゴンは JIS Z 3253 において大分類 I で純度（体積分率）99.99% 以上，水分（体積分率）40ppm 以下と規定されている。

規定にはないが，チタンの溶接には純度の高い 1 級を使用することが望ましい。

アルゴンの露点と水分量との関係を**表 3.1** に示す。

表3.1　露点と水分量との関係

単位:ppm（体積分率）

℃	0	−1	−2	−3	−4	−5	−6	−7	−8	−9
0	6032	5553	5110	4698	4318	3965	3639	3338	3059	2802
−10	2565	2346	2145	1959	1788	1631	1487	1354	1233	1121
−20	1019	925.3	839.6	761.3	689.7	624.4	564.8	510.5	461	416
−30	375	337.8	304	273.4	245.6	220.5	197.7	177.1	158.6	141.8
−40	126.7	113.1	100.8	89.82	79.93	71.06	63.11	55.99	49.62	43.92
−50	38.84	34.31	30.28	26.68	23.49	20.66	18.14	15.91	13.94	12.2
−60	10.67	9.31	8.117	7.067	6.145	5.336	4.628	4.008	3.466	2.993
−70	2.581	2.223	1.911	1.641	1.407	1.204	1.029	0.878.0	0.7479	0.6361
−80	0.5401	0.4578	0.3874	0.3272	0.2759	0.2323	0.1952	0.1637	0.137	0.1145
−90	0.0654	0.0794	0.0658	0.0547	0.0452	0.0373	0.0307	0.0253	0.0207	0.017
−100	0.0138	−	−	−	−	−	−	−	−	−

※JIS Z 3253 付属表JAより抜粋

JIS K 1105 は,ボンベまたは液化タンクで購入する際のアルゴンを規定しており,JIS Z 3253 は配管や装置を通り溶接シールド位置でのガスについて規定している。

(b) アルゴンによる酸欠

アルゴンは 3.3.1 項 (6)(a) で述べたように空気より重いので,タンク内部のような密閉された空間では底部にアルゴンがたまり,酸素欠乏により窒息する危険がある。対策として換気に留意する。

一般的にチタンのティグ溶接時にはシールドを保つために溶接トーチ周辺の風が強くならないようにする。狭いタンクなどの中での作業はアルゴンによる酸素欠乏を防ぐため空気を供給しつつ,なおかつシールドを確保するため風速を押さえる必要がある。

写真 3.5 にチタン製化学反応装置の製作中の状況を示す。これは工業用純チタン 2 種のチタン材の溶接施工状況で,完成品は直径約 2.5m,高さ約 16.8m の蒸留塔となる。容器の形状をしている。横に寝かせた状態で製作したが,内部での溶接作業やシールド作業を行う。このような場合,アルゴンによる酸欠が発生しやすい。酸欠防止策として適切な換気が重要である。

アルゴンは下向溶接時のシールドには良いが,上向溶接の際のシールドでは空気より重いアルゴンでシールド効果を十分に得ることが難しい場合がある。シールドジグの構造および操作に工夫が必要である。ヘリウムを全部または一部使用すると,ヘリウム(0.1786g/ℓ)は空気に対する比重が 0.138 と軽いので上向溶接には効果的である。一般的にヘリウムは米国では使用されることが多

写真3.5 製作中のチタン製化学反応装置[8] [巻頭にカラー写真掲載]

いが日本では少ない。

(c)アルゴン用ガス容器

アルゴンを小規模に使用するときの容器は高圧ガス容器（通称ボンベという。英語では Cylinder シリンダ）を使用する。ボンベには通常 15MPa または 20MPa の高圧で気体のアルゴンが充填されている。使用時には減圧弁により，減圧する。高圧ガス容器の容量は気化後の体積で $7m^3$，$3m^3$ または $1.5m^3$ などがある。

高圧ガス容器は内容物が識別できるように，色分けしてある。日本では水素ガスは赤，酸素ガスは黒，アルゴンは「その他」に分類されねずみ色である。色は国によって異なり，英国やカナダではアルゴン用ガス容器は緑色である。

(d)液化アルゴン容器

アルゴンの使用量が多い場合は液化ガス容器を使う。固定式の超低温容器（LGC：Liquid Gas Container）または可搬式低温容器（CE：Cold Evaporator）を使う。

チタン溶接の場合，液化ガス容器は完全に使い切る前にある程度の内圧を残した状態で液化アルゴンを追加することが望ましい。一部を使用して長時間経過し，残量が少ない場合は，容器内液化アルゴン中の水分量が高くなる可能性がある。

(e)アルゴン用ガス容器の注意事項

高圧ボンベや液化アルゴン用ガス容器の保管にあたっての一般的注意事項は①地震などで倒れないよう固定する。②直射日光を避け屋根の下など風通しを良くする。③容器は 40℃ 以下に保つ。④口金などに衝撃を与えない。⑤運搬時電磁石クレーンは使用しない。⑥口金部分に油をつけない。

3.3.2　コンタミネーションの原因と対策

チタンが難溶接材とよばれる理由は数多くあるが，その最大の原因はコンタミネーションである。ここではティグ溶接を中心にチタン溶融溶接において最も重要なコンタミネーションについてその原因と対策を述べる。コンタミネーションの原因と対策はティグ溶接以外の溶融溶接，すなわち，ミグ溶接，プラズマ溶接，レーザ溶接などにも共通するものである。

コンタミネーション（Contamination）とは英語で「汚れ」の意味であるが，溶接では溶接品質に悪影響を及ぼす汚れを特にコンタミネーションという。以下に具体的な溶接時のコンタミネーションを挙げる。3.1 節の溶接性で述べたように本来チタンの溶接性は良く溶接部品質の信頼性は高い。しかしながら，チタンは高温での反応性が高いので溶接時にコンタミネーションがあると金属間化合物，酸化物，炭化物が生成し溶接部品質を劣化する。コンタミネーションを防止することがチタンのティグ溶接を中心とする溶融溶接すべてにおいて最重要点である。

(1)空気によるコンタミネーション

(a)酸素と窒素

溶接時の高温部に混入する空気によるコンタミネーションは空気中の酸素，窒素，および水分によって引き起こされる。水分の体積分率はガスの露点から求めることができる。露点から水分を求める方法を表 3.2 に示した。

これらは高温でチタンと化合して酸化チタン（TiO, TiO_2），窒化チタン（TiN）などの化合物を作る。これら化合物は金属チタンのような延性はなく，非常に硬い。

酸化チタンや窒化チタンが溶接金属内部に大量に発生すると大型の非金属介在物となる。これは溶接製品の割れの原因となる。また疲労強度を下げる原因ともなる。

(b)酸化チタン皮膜と発色

金属チタン表面は通常の状態で厚さ約 4nm の薄い酸化チタン皮膜で覆われている。

3.3.1 項 (1) で述べたように，この皮膜は非常に強く不動態皮膜としてチタンを保護している。チタンの優れた耐食性はこの酸化チタン皮膜の寄与によっている。

溶接後チタンが凝固した後でも高温で空気に触れると酸化皮膜が成長する。酸化チタン皮膜は無色透明であるが膜厚により反射光の干渉作用により色がついて見える。水面に浮いた油膜に虹色が見えるのと同じ原理である。**図 3.13** にチタン発色の原理を示す。

膜厚が厚くなるに従い，すなわち最もコンタミネーションが少ない状態からコンタミネーションの激しくなるに従い，チタンの色は銀色から，金色（麦色），紫，青，青白，暗灰色，白，黄白と変化して見える。JIS Z 3805「チタン溶接

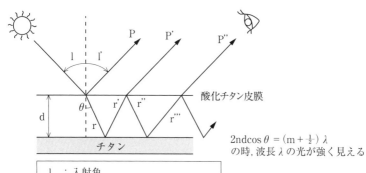

図3.13 チタン発色の原理[9]

技術検定における試験方法及び判定基準」ではこれを変色と名付け実技の判定基準に採用されている。

<酸化チタン皮膜の生成時期>

　溶接部に酸化チタンができる時期は溶融時と凝固後の2通りに分けられる。
　①溶融時の酸化：チタンが溶融状態で大気によるコンタミネーションを受けた場合は表面だけでなく溶融金属の内部にも酸化チタンや窒化チタンによる介在物が発生する。これは溶接部の品質を劣化させる。
　②凝固後の酸化：凝固後の酸化は，溶融状態では直接大気には触れないが，凝固した後高温状態で大気に触れた場合に発生する。これはアフターシールドやバックシールドが不完全な場合に起こる。チタンは凝固後も約350～400℃以上で空気に触れると酸化し表面に酸化皮膜が成長する。[3.3.1項(1)参照] この場合，溶融時の酸化に比べると介在物の発生はないが，厚い表面酸化層とその下の酸素富化層の生成による悪影響がある。
　表面の酸化皮膜の発生時期について，酸化皮膜の外観からはそのコンタミネーションが溶融状態で発生したものか，凝固後に発生したものか判別することは困難である。したがって，通常，溶接後に著しい発色がある場合は，溶融

時に酸化があった可能性が大きいとみなされることが多い。

(2)空気コンタミネーションへの対策

(a)シールドの重要性

　空気によるコンタミネーションを防止するためには，チタン溶融溶接において溶融池だけでなく，溶接部すなわち凝固後の溶接金属および熱影響部が低温になるまで大気を遮断（シールド）する必要がある。約350℃から400℃以上ではチタン表面の酸化が激しく，酸化チタンの皮膜が厚くなり溶接品質を劣化させるからである。ただし，この温度以下では酸化皮膜が成長しないという意味ではない。温度が低いと皮膜の成長は遅く，高温になると成長が早くなる。製品品質に合わせてなるべく低温度域までシールドすることが重要である。[3.3.1項(1)参照]

　チタンの溶接が炭素鋼やステンレス鋼の溶接と最も大きく違うのは，チタンが大気によるコンタミネーションに対し非常に敏感であること，そのため非常に厳しいシールドを行う必要があること，である。

　一般にチタン溶接製品は溶接部の表面を磨いたり脱色処理したりせずに検査する。溶接部の色によりコンタミネーションの状態を判定するためである。溶接部の色判定は大気によるコンタミネーション判定には非常に有効な方法である。

(b)チャンバー方式

　次に空気によるコンタミネーション対策の代表例としてチャンバー方式を示す。

　ティグ溶接で空気によるコンタミネーションを防ぐ良い方法として，シールドガスで満たした箱(チャンバー)の中で溶接する方法がある。通常，真空チャンバーまたはガス置換チャンバーが用いられる。チャンバー方式の長所は後に述べるアフターシールドジグやバックシールドジグが不要なことである。また，溶接作業時のシールドの技能も不要になる。これらの利点は非常に大きい。

　真空チャンバー方式は，チャンバー内に溶接トーチ，溶接材料および溶加材などを入れ，いったん真空に引いたチャンバー内にシールドガスを1気圧に充填しその中で溶接する。チャンバーポートに取り付けたガス遮蔽性のグローブを通して手溶接する。シールドガスは通常アルゴンを使う。長所として，雰囲気中に大気がないのでコンタミネーションのない溶接ができ，非常に効果的である。

短所として，①設備費が高い，②溶接可能な製品の大きさと数に限度がある，③真空引きに時間がかかる，④チャンバー内部が非常に高温になる，などがある。**写真 3.6** に真空チャンバーの例を示す。

ガス置換チャンバー方式は，真空にせずに大気の入った容器をアルゴンで置換する方法である。長所は真空チャンバー方式に比べて設備費が安いことである。この方式ではガス置換を効果的に行うため，容器の構造設計に工夫が必要である。

コラプシブルチャンバー方式は，ガス置換チャンバー方式の一部である。透明のプラスチックの袋の中に溶接に必要な設備装置，材料を入れ，袋をつぶして中の空気を追い出してから，アルゴンを入れて膨らませ，その中で手袋を通して手溶接を行う。最初に充填したアルゴンには空気がかなり含まれているので，そのガスを抜き再度アルゴンを充填することを数回繰り返す。この方式では「単なるアルゴン置換」に比べて酸素濃度を低くすることができる。

コラプシブルチャンバー方式の長所として，①コンタミネーション対策が可能である，②設備費が安い，③運搬が簡単である。短所として熱した溶接材料や溶加材が袋に接すると穴が開いてシールドが破壊される。この方法はコストパフォーマンスが良く米国のチタン溶接では非常に多く使われ効果を挙げている。日本ではあまり使われていない。**写真 3.7** にコラプシブルチャンバーの例を示す。

写真3.6　真空チャンバーの例[10]［巻頭にカラー写真掲載］

写真3.7　コラプシブルチャンバーの例[11]　[巻頭にカラー写真掲載]

(c) シールドジグ

屋外でのチタン配管や大型装置の溶接ではチャンバーが使えない。また，細かな作業を数多く行うときもチャンバーは扱いにくい。これらの場合には大気中で溶接作業を行い，シールドジグを使う。通常のチタン溶接ではシールドジグを使う方法が最も多い。

3.3.1項（3）で述べたように，チタンの溶融溶接ではシールドは3種類ある。トーチシールド，アフターシールドおよびバックシールドである。このうち，トーチシールドは市販のトーチに内蔵されている。シールドのための装置をシールドジグという。アフターシールドジグとバックシールドジグは通常，目的とする溶接製品に合わせて設計製作する必要がある。アフターシールドやバックシールドのシールドはチタンの大気中での溶接では基本的に常に必要である。チタンが難溶接材であるとしばしばいわれるが，その最大の理由は，このシールドジグを作る必要があること，作る技術が不足していること，さらにその使用のための技能が不足していること，が挙げられる。アフターシールドジグとバックシールドジグの市販品は特定の条件を想定したものであるため通常は条件にあわせて個別に設計・製作する必要がある。

(d)アフターシールド(Trailing Shield)

チタンの溶融溶接では溶融池はトーチシールドで空気からシールド(遮断)されている。しかし溶接線に沿ってトーチが進行すると，凝固した溶着金属および熱影響部は高温なので，トーチシールドから外れると表面が激しく酸化する。これを防ぐためにアフターシールドが必要となる。アフターシールドの条件としては，溶接金属と熱影響部を約350℃以下になるまで空気からシールドすることである。アフターシールドジグの構造・仕様は対象となる溶接部の形状によって異なる。すなわち平板突合せか，管の突合せか，またT継手溶接か，さらに板厚，開先形状などによって，適したシールドジグを設計・製作する必要がある。ステンレス鋼のティグ溶接ではアフターシールドジグを使わないことが多いがチタンのティグ溶接では点状の溶接を除き通常アフターシールドジグを使う。これが大きな違いである。アフターシールドジグの構造はさきに述べた3.3.1項(3)シールドジグの図3.10，図3.11，図3.12を参照されたい。

(e)バックシールド(Backup Shield)

溶接部の裏側は，突合せ溶接は当然として裏側が溶融しない場合でも温度が上がるので，熱影響部に酸化チタンの皮膜が厚くなるのを防ぐためバックシールドを使うことがチタンの溶接では必須である。また，溶接製品が複雑な形状のときは，バックシールドジグが使えるような設計にすることも重要である。短管の突合せ溶接でのバックシールドジグの概念図を**図3.14**に示す。平板突合せ溶接およびT継手溶接時におけるバックシールドジグの概念図は3.3.1項(3)シールドジグの図3.11，図3.12で述べたとおりである。

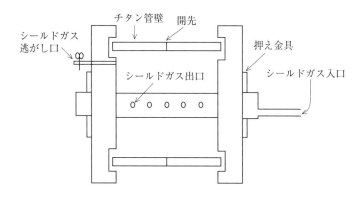

図3.14　短管の突合せ溶接でのバックシールドジグ概念図[12]

(3) 空気以外によるコンタミネーション

(a) 油によるコンタミネーションと対策

　油には鉱物性油と有機性の油脂がある。具体的には潤滑油，切削油，防せい油，人体の皮脂，新聞紙などのインク，整髪料，化粧品，などがある。これらの成分は軽油，灯油ガソリン，グリセリン，およびオレイン酸などの脂肪酸であり，構成元素としては炭素，酸素および水素が主である。炭素や酸素はチタンと反応して炭化物や酸化物の介在物となり溶接品質が劣化する。

　油によるコンタミネーションへの対策として，以下が挙げられる。

　炭素鋼やステンレス鋼の作業では定盤，作業台を油雑巾で磨く。チタンではこれは不可である。油を避けるため空雑巾で拭く。チタンの作業台は鉄鋼やステンレス鋼用とは別にする。素手で溶接部や溶加棒に触れてはならない。触れた場合は適切な有機溶剤で拭く。溶加棒や溶接材料を新聞紙など印刷物に包むことも厳禁である。印刷インクには油分が含まれているからである。

(b) 砂じん，ごみによるコンタミネーションと対策

　砂の成分は主にアルミニウム，カルシウム，ケイ素，鉄などの酸化物である。これらは溶融チタンと反応して金属間化合物やチタン酸化物を作る。いずれの化合物も硬く延性がないので溶接部品質が劣化する。

　ゴミの成分は多様であるが，主に衣類，動物，植物，食物などの小片である。これらは炭水化物，たんぱく質などが主成分であり元素的には酸素，炭素，窒素，水素などである。これらはやはりチタンとの化合物を作る。

　対策としてはチタン溶接作業場所をチタン専用にする。これは 3.3.1 項 (4) で詳しく述べる。また，チタン溶接を行う場合は，作業着，靴，帽子などから砂じんやごみのコンタミネーションを防止する観点からチタン溶接専用のものとすることが望ましい。

(c) 配管からの水分および対策

　アルゴンの配管材質により水分がガス中に入りコンタミネーションとなる場合がある。ガス配管の材質で注意すべき点を述べる。

　シールドガスとしてのアルゴン配管のうち，固定部ではステンレス鋼や銅の金属管で配管する。炭素鋼管は長期間使用しない場合にさび発生の恐れがあるので好ましくない。さびは微粉となってガスとともに溶接部に運ばれ，コンタミネーションとなる。また，長期間アルゴンを通していない場合空気が管内部に入る。使用開始時にアルゴンで空気をパージするが，さびがあるとさびに湿

分や空気が吸着されその放出には長時間かかる。この空気や水分がコンタミネーションとなる。

　フレキシブル部の配管にゴム管や塩化ビニール管は使用してはならない。これらは水分や空気を吸着し，また通過する程度が比較的高いからである。フレキシブル管の材質としては，テフロン，ポリプロピレン，高密度ポリエチレンを使う。

　ホースの材質による水分および酸素の透過性比較表を**表3.2**に示す。

表3.2　各種ガスホース材質の水分および酸素の透過性比較

ホース材質	水分	酸素
天然ゴム	30000	230
塩化ビニール	2600〜6300	1.2〜6
ポリエチレン	2100	11〜59
ナイロン	700〜17000	0.38
PTFE（ポリテトラフルオロエチレン）テフロン®系	500	59

単位: 透過係数$(cm^3 \cdot mm/s \cdot cm^2 \cdot cmHg \times 10^{10})$

(d)結露によるコンタミネーション

　チタン溶接材料を水で濡らすことは通常ない。留意すべきは気温変化による結露である。湿度の高いときに夜間気温が下がると，結露が生じる。結露は条件によって，溶接材料，溶加材，シールドジグ内部などで発生する。シールドジグ内部で結露した場合，水分は除去しにくくアルゴンを15分流しても溶接部が発色した例がある。

　対策としては，①溶接部分は常に溶接直前に適当な有機溶剤などで良く拭くこと。②室内を乾燥状態に保つこと。場合によっては，③溶接材料，溶加材，シールドジグを使用前に約100℃で乾燥させる。

(4)セミクリーンルーム

　チタンのティグ溶接を炭素鋼やステンレス鋼などを加工している敷地の一部で行う場合が多い。この場合は上記3.3.2項で述べたコンタミネーションの影響が非常に大きくチタン溶接欠陥の原因になることが多い。

　これを避けるための対策としてチタン溶接専用室が必要である。これを「セミ・クリーンルーム」とよぶ。これは鉄工所などチタンと鉄鋼などを同じ工場で加工していると場所では必須である。

セミクリーンルームはチタンの溶接場所へ鉄工所などのコンタミネーションを持ち込まないように隔離するもので，医療用などで使われる「クリーンルーム」のような厳密なものではない。

セミクリールームの基本的な仕様は，
① 壁，天井で仕切った独立の部屋であること。
② 外部で使用した靴，衣服，ヘルメットなどは着替えて，中で使用しない。
③ エアコンで常に乾燥状態とする。
④ 換気をよくする。ただし，室内溶接場所の風速が高くならぬよう注意する。また換気の際に外部のちりなどが入らないようにする。
⑤ ドア開閉時に外の風や粉じんが入らぬようにする。
⑥ 溶接台や作業台ではチタン以外の金属の溶接や切断などの加工を禁止する。

なお，屋外作業などでセミクリーンルームができない場合は，ビニールカーテンで壁と天井を仕切るなど防風・防じんの対策をとることが必要である。

3.3.3　ティグ溶接作業時の留意点

基本的なチタンティグ溶接の留意点は 3.3.1 項「ティグ溶接」で述べた。ここではそれ以外の主に作業上の留意点を述べる。

(1) 垂下特性

チタンのティグ手溶接に使用する溶接装置については 3.3.1 項（4）で述べた。作業上の留意点として溶接電源として垂下特性の強いものが望ましい。図 3.15 に溶接電源の外部特性を示す。この図で①は垂下特性を示し，②は定電圧特性を示す。アーク電圧が変化しても，溶接電流の変化が垂下特性電源より大幅に少ないものを定電流特性とよぶこともある。

チタンの手溶接では適正電流範囲がステンレス鋼などに比べて狭い。

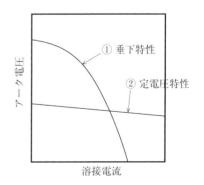

図3.15　溶接電源の外部特性

トーチを持つ手が揺れるとアーク長が変わり，電圧が変化する。その場合に垂下特性では電流の変化が小さいので溶接が安定する。ちなみにチタンのミグ溶接の場合はワイヤが自動で供給されるので定電圧特性が望ましい。

(2) 開先調整

開先加工は機械切削またはロータリーバーなどの回転工具での仕上げとする。グラインダは不可である。グラインダの砥粒が開先部に食い込み溶接欠陥となる可能性が大きいからである。やむを得ずグラインダ加工をした場合はロータリーバーなどで仕上げを行う。

開先部はほこりがつかぬよう，また素手で触らぬようにする。適切な有機溶剤などで溶接直前に拭く。

(3) ストリンガビード

一般的なティグ溶接の運棒方式は2通りある。ウィービング（Weaving）とストリンガビード（Stringer bead）である。ウィービングは溶接方向に対し溶接棒を直角に交互に動かしながら溶接する運棒方法であり，ストリンガビードはウィービングを行わず溶接方向に対し同じ方向に線状にビードを置く。

開先が広い場合，ステンレス鋼ではウィービングを行う。この方法により1パスで広い開先の溶接が可能であるが，チタンの溶融溶接ではウィービングは不可である。ウィービングするとシールドが不完全となり酸化するからである。

チタンの場合はストリンガビードで溶接する。これはトーチの進行方向が溶接方向と同じなのでシールドが安定する。ストリンガビードの短所は幅広の開先を溶接する際に，層数が多くなることである。

(4) 溶接変形防止

チタンは炭素鋼やステンレス鋼に比べ線膨張係数が小さいので，溶接熱による変形は小さい。しかしながら，いったん溶接変形が生じた場合にはヤング率が低いため，高強度材になるほどスプリングバック量が大きく，変形を矯正するためにはスプリングバックを考慮した大きな逆向きの変形を与える必要があり，精密なひずみ矯正が困難なことが多い。このため，溶接変形をできるだけ小さくするための対策が大切である。

溶接変形防止対策としては，①過大な入熱量の防止，②構造物溶接時の溶接順序，③各溶接線を溶接する際の溶着順序，④拘束方法（クランプ，仮付など），⑤溶接変形量を予想してあらかじめ逆ひずみを与える方法，⑥溶接部周辺の冷却，などがある。

鉄鋼の場合は拘束するためストロングバック(いわゆる,馬・ウマ)を溶接して変形を防止し溶接完了後その馬を溶断することがあるが,チタンの溶接ではウマの溶接はできるだけ避ける。溶断部の品質が劣化するからである。対策として,変形防止には押さえジグを使って機械的に押さえる。またはやむを得ぬ場合は仮付を多くする。この場合,仮付溶接時にもシールドを厳密に行う必要がある。

(5)シールドガス

(a)スタート前のシールド確認

チタンのティグ溶接ではルーティーンとして,本溶接直前にチタンテストピースでビードオンプレートを行い溶接部の発色が限度内であることを確認することが必要である。その理由は何らかの原因でシールドガスにトラブルがあった場合,本体への影響を止めるためである。もし,確認テストなしで本溶接を開始しシールド不良に気が付いた場合,その不良部分は小さくとも溶着金属をロータリーバーなどできれいに削り取り溶接をし直さなければならない。これは時間もかかり,製品の溶接部品質を下げる。

(b)シールドジグのガス

チタンのティグ溶接においてシールドガスは独立した3ルートで配管する。トーチシールドは溶接電源を通り,トーチスイッチと連動している。プリフローとアフターフローもトーチシールドで設定する。溶接時にトーチシールドはアーク時間に対しプリフロー時間とアフターフロー時間を設定する。

バックシールドとアフターシールドは手動で操作する。ただし,アーク停止時間が約10分以下と短い場合はガスを止めないで流したままにする。ガスを止めると,シールドジグ内に空気が入り込みこれを除去するのに時間がかかるからである。パージ時間が短いと次の溶接を行う際にジグ中に残った空気で発色するおそれがある。

(c)プリフローとアフターフロー

アークをスタートする前とアークを切った後に,一定時間シールドガスを流す必要がある。これをプリフローおよびアフターフローという。

プリフローはチタンを加熱する前に空気を遮断する。

アフターフローは溶接部および熱影響部の温度がチタンの酸化温度以下になるまでアーク切断後もシールドガスを流し,表面酸化を防ぐ。

(6) 溶接条件とシーケンス

チタンのティグ溶接の場合，溶接条件はいまだ十分に標準化されていないといってよい。溶接士により，設備により，製品形状により値が大きく変わる。標準化の一例として厚さ 0.6mm から 12.7mm の間の板突合せ溶接の数例についてチタンの溶接条件例を**表3.3**に参考例として示す。

溶接電流に高周波を重畳させるとアークが安定する。これらの条件を時間軸で表したチタン溶接のシーケンス制御の例を**図3.16**に示す。

表3.3 チタンのティグ溶接条件例[13]

板厚 (mm)	タングステン電極径 (mm)	溶加材径 (mm)	ノズル内径 (mm)	シールドガス流量 (ℓ/min)	溶接電流 (A)	パス回数	溶接速度 (cm/min)
\multicolumn{8}{c}{I形開先 + 溶加材使用}
0.6	1.6	–	9.5	8.5	20〜35	1	15
1.6	1.6	–	16	8.5	85〜140	1	15
2.4	2.4	1.6	16	12	170〜215	1	20
3.2	2.4	1.6	16	12	190〜235	1	20
4.8	2.4	3.2	16	12	220〜280	2	20
\multicolumn{8}{c}{V形開先 + 溶加材使用}
6.4	3.2	3.2	16	14.0	275〜320	2	20
9.5	3.2	3.2	19	16.5	300〜350	2	15
12.7	3.2	4.0	19	19.0	325〜425	3	15

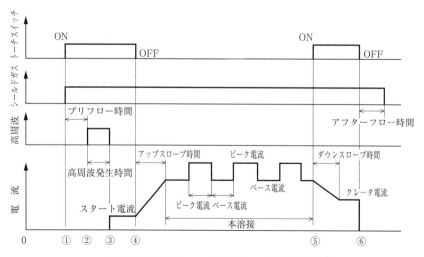

図3.16 チタンのティグ溶接シーケンス制御例[14]

3.3.4 ミグ溶接

ミグ溶接は，MIG：Metal Inert Gas Welding に由来する名称である。GMAW（Gas Metal Arc Welding）ともよばれる。JIS ではミグ溶接とよぶ。

ミグ溶接の原理を図3.17 に示す。装置は基本的にステンレス鋼用などと同様である。極性はティグ溶接と逆で直流逆極性（溶接ワイヤを陽極）である。DCEP（Direct Current Electrode Plus）ともいわれる。

チタンのミグ溶接の長所は，溶接速度が速いことである。通常ティグ溶接が50～200mm/min 程度であるがミグ溶接では 200～500mm/min 程度である。

チタンミグ溶接の短所を挙げると，
①ワイヤが溶けて溶着金属として供給されるのでスパッタが多い。
②アークの迷走が多くビード形状が乱れる。
③溶接ワイヤとワイヤフィーダとの抵抗が大きく，またワイヤのヤング率が低いためワイヤ供給がスムースでない。このため溶接欠陥が出やすい。
などがある。

チタンのミグ溶接品質の改良を目的として，ワイヤの表面にごく薄い酸素濃化層を付けることでスパッタを減らしアークを安定し，さらにワイヤフィードを安定化した製品も出されている。

チタンのミグ溶接は米国ではかなり使われているが日本では少ない。その理由の第1はスパッタやビード形状の外観である。ミグ溶接のスパッタやビード

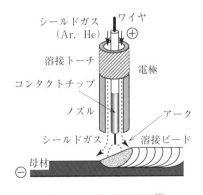

図3.17　ミグ溶接の原理[15]

外観形状はティグ溶接に比べると劣るからである。しかし，正常にミグ溶接されたチタン溶接部の機械的性質はティグ溶接と比べて差がない。ミグ溶接が少ない理由の第2は日本ではミグ溶接が長所を発揮できる長い直線溶接の施工箇所が少ないことも挙げられる。今後，過度に芸術的な表面を要求されず，長い溶接線のチタン溶接が多くなると，チタンのミグ溶接の需要は伸びると思われる。

3.3.5 プラズマ溶接

チタンのプラズマ溶接（Plasma arc welding）装置はステンレス鋼向け装置とほぼ同じであり，作業や注意事項はティグ溶接とほぼ同じである。また溶融溶接なのでコンタミネーション対策もティグ溶接と同様である。

プラズマ溶接の長所は，ティグ溶接に比べエネルギー密度が高いことおよびアークの指向性が良いことである。チタン厚板のキーホール溶接が容易で速度も速い。短所は装置の価格がティグ溶接機に比べて高価なことである。溶接には移行式プラズマを用いる。この方式はタングステン電極をノズル電極の間に高周波高電圧で小電流のパイロットアークを起動し，このパイロットアークを介してタングステン電極と母材の間にプラズマアークを発生させる。移行式プラズマアークの原理を図3.18 (a)に示す。

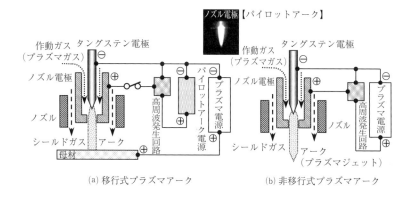

図3.18　プラズマ溶接の原理[16]

3.3.6 レーザ溶接

　チタンのレーザ溶接(LBW：Laser Beam Welding)もほかの金属と同様，レーザを発振器で発生し光ケーブルまたは鏡で溶接部に導き溶接する。図 3.19 にチタンレーザ溶接の原理を示す。チタンのレーザ溶接は当初チタンの光反射率が高いため表面反射によるトラブルが多く使い難かった。しかし最近レーザ発振器の出力が大きくなり早く溶融できるようになり使用しやすくなった。チタンの表面反射率は溶融すると下がるので，いったん溶融すればその後のレーザの反射は減り安定した溶接ができる。

　レーザ溶接の長所は，① 高エネルギー密度である。② 指向性が良い，③ ビームの直径と位置を精密にコントロールできる，④ ティグ溶接に比べて溶融領域を小さくできる。したがって入力エネルギーが小さくできる，などである。そのため溶接ひずみが小さく，精密溶接に適している。

　短所は，① 設備が大規模なこと，② 設備費が高いこと，である。

　今後チタンの精密溶接では重要な手段となるであろう。

　レーザ溶接も溶融溶接であることからチタン溶接上の留意点はティグ溶接とほぼ同様であるが，高速溶接のため長いアフターシールドが必要となる。

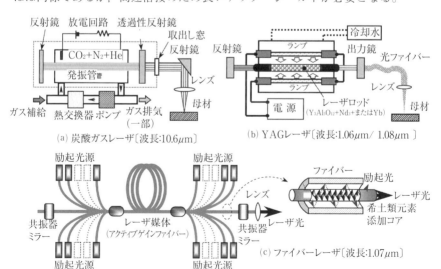

図3.19　チタンレーザ溶接の原理[17]

3.3.7 電子ビーム溶接

電子ビーム溶接（EBW：Electron Beam Welding）は，真空中で陰極を加熱し発生した電子を高電圧で加速し電磁コイルで集束した電子ビームを熱源とする。この電子ビームをチタンに照射して溶接する。図3.20に電子ビーム溶接の原理を示す。

電子ビーム溶接の長所は，
① 真空中で溶接するので空気によるコンタミネーションがまったくないことである。そのため高品質である，② 高エネルギー密度である，③ I形開先で深いペネトレーション（溶込み）が得られ，熱影響部も小さい。

短所は，設備費が高価なことである。

しかし，今後精密溶接が多くなるにつれて電子ビーム溶接は多くなると思われる。すでに米国では，高級品に定常的に使われている。写真3.8に電子ビーム溶接したチタン製品「タービンローター」を示す。これは米国製で10枚のドーナツ状チタンディスク（厚さ約80mm）を電子ビーム溶接したものである。

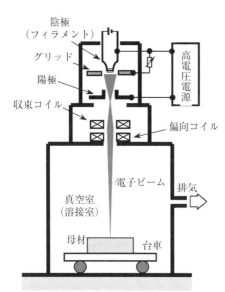

図3.20　電子ビーム溶接の原理[18]

写真3.8　電子ビーム溶接したチタン製ローター[19]
[巻頭にカラー写真掲載]

第3章　チタン溶接技術の基礎　　193

3.4　圧　　接

3.4.1　抵抗溶接

　抵抗溶接（Resistance Welding）は，材料を重ねて加圧しながら通電し，抵抗発熱を利用して圧接する方式である。

　局部的に溶融した個所をナゲットとよぶ。抵抗溶接は通常広義の溶融溶接に含めて考えられている。溶接がごく短時間（1秒以内）に完了するため一般に空気によるコンタミネーションの害が少なく，シールドが不要または軽度である。このためここでは特に分けて考える。

　チタン抵抗溶接の長所は，

　　①空気のシールドが不要またはごく軽度でよいことである。

　　②チタンとニッケルなどある種の異材との接合が可能である。

　　③自動化がしやすい。

などである。

　抵抗溶接には圧力の掛け方で，重ね抵抗溶接，スポット溶接，プロジェクション溶接，シーム溶接などの方式がある。代表例としてスポット溶接とシーム溶接を紹介する。

(1)スポット溶接

　スポット溶接（Spot welding）は棒状の電極で点状に溶接する方式である。

　チタンのスポット溶接の長所は，

　　① 非常に安定しており溶接品質が良い。

　　② シールドが不要である。（特例としてシールドすることもある。）

　　③ 設備費が安価である。

　　④ 標準化および自動化をしやすい。

などである。

　短所は，

　　① 電極の跡がつくことである。機械的性質上は問題ないが，美観に欠けると評価される場合がある。

　　② 気密性，水密性が保てない。

などである。

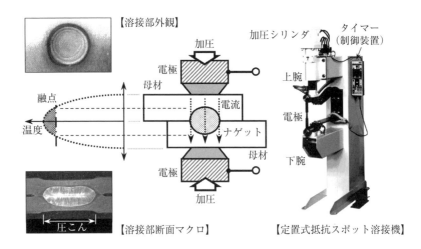

図3.21　抵抗スポット溶接の原理と装置[20]

図 3.21 に抵抗スポット溶接の原理と装置を示す。

(2) シーム溶接

シーム溶接 (Seam welding) は母材を加圧しながら通電と電極の移動を交互に繰り返して、連続的に抵抗溶接する方式である。目的により各ナゲットの間が開いている方式と連続した方式がある。連続式は特にスポット溶接の短所である水密性・気密性を確保するためにナゲットを連続させたものである。図3.22 にシーム溶接の概念図を示す。

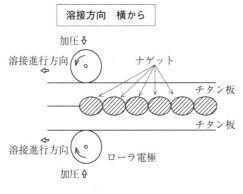

図3.22　シーム溶接概念図[21]

3.4.2　摩擦圧接

　摩擦圧接（Friction welding）は部材同志を密着し，圧力をかけつつ摩擦することで発生する摩擦熱により接合する。接合部位が押し出されて接合部の清浄化もある程度できる。摩擦は回転方式と直線方式があり，一般的に回転摩擦が多い。すなわち固定させた部材に回転する部材を摩擦圧力で接触させ，摺動面の温度を上げる。ついで回転を急停止するとともに高い接触面圧（アプセット圧力＝Upset pressure）で押しつけ，一定のアプセット時間（Upset time）を保持して接合を行う。

　摩擦圧接の長所は，

　　① 大気中の接合が可能である。すなわちシールドが不要である。

　　② 作業時間が短く継手の大量生産に適している。

　　③ 接合条件の設定と制御が容易であり標準化しやすい。

　　④ 作業条件の再現性に優れ接合部の品質が安定している。

　　⑤ 接合部の金属が外に押し出されコンタミネーションが減少する。

　短所は作業方法がまだ一般的でないことである。今後開発が進み，チタンに適用する際の接合条件と接合部品質のデータが蓄積されることを期待したい。

3.4.3　摩擦攪拌接合

　摩擦攪拌接合（FSW：Friction Stir Welding）はツール（Tool）とよばれる工具を高速で回転させながら材料と接触させ，摩擦熱と塑性流動を利用して接合する方法である（**図3.23**）。英国のTWI（英国溶接研究所）で1991年に基本特許が出願された。

　画期的な接合方法として異種材料の接合にも成果を挙げている。チタンでは目下開発途上の技術である。

　チタンの摩擦攪拌接合の長所は，① 溶接部の熱ひずみが小さいこと，② チタンと鉄鋼，ステンレス鋼などの異種材との接合の可能性が高いことである。

　短所は，FSWを工業的に行える工具（Tool）が（現時点では）工業生産・販売されていないことである。現在のところ，工具の寿命が短く，接合長さを保証

して販売されたチタン用工具はない。

　しかし，米国NASAでは，FSWを発展させたTSW（Thermal Stir Welding）の実用化に成功している。日本においても幾つかの企業と大学がチタンのFSWに使用可能なツールの材質を開発中である。早い時期での実用化が望まれる。

　FSWの応用例としてチタン合金（Ti-6Al-4V）のTSW（Thermal Stir Welding）による溶接材を**写真3.9**に示す。

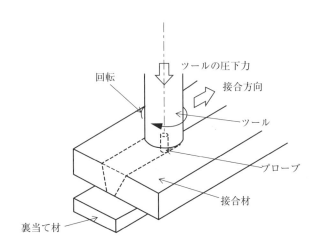

図3.23　摩擦攪拌接合の概念図

写真3.9　チタン合金(Ti-6Al-4V)のTSW溶接材[31]［巻頭にカラー写真掲載］

3.5 ろう接

　母材の溶融温度より低い温度でろうを溶かし，溶融したろうが継手部の隙間に毛細管現象で浸透し，接合部表面を濡らして母材同志を接合する方式をろう接とよぶ。

　ろう接のうち，ろうの溶融温度が450℃以上の硬ろうを使うものをろう付（Brazing）とよび，450℃未満の軟ろうを使うものを軟ろう付またははんだ付（Soldering）とよぶ。チタンはろう付を行う。

　チタンろう付の長所は，

　　　① 接合部の金属間化合物がほとんどない。

　　　② 異種金属，異種材料との接合が可能。

　　　③ 比較的低温で接合するので熱変形が少ない。

　　　④ 一度に多数箇所を接合できる。

などである。

　チタンろう付の短所は，

　　　① ろうおよびろう付温度の関係から真空炉やアルゴンなどの雰囲気炉が必要なことであり，設備費が高くなる。

　　　② 用途に適したろうが現在少ない。

などがある。

　チタンろう付には目的に応じたろうの選択が重要である。

　3.2.1 項の写真 3.2 にろう付法で製作したチタン製熱交換器の断面を示す。それぞれの板を隔てて高温と低温の流体が流れるのですべての接続部はろう付で水密性・気密性が確保されている。チタン製なので耐食性がよく，また金属イオンの溶出がない。

3.6 拡散接合

拡散接合法は母材を固相状態のまま溶融させずに，接合する方法である。金属表面から新生面を露出させて，金属原子どうしを一定の距離以下に近づけることができれば金属結合が得られる。そのためには金属表面を覆っている酸化物層と微視的な凹凸を除去することが必要であり，高真空雰囲気で加熱しながら接合面を加圧することにより可能となる。

拡散接合法では，図3.24 に示すように界面に存在した微視的な凹凸を加圧にともなうクリープ変形により平坦化させて，接合面での接触面積を増大させることで，原子の相互拡散が生じ十分に広い領域で強固な接合を得られる。表面の薄い酸化物層の除去に関してはチタンは高温での酸素の固溶度が大きいため，高真空または不活性ガス雰囲気で加熱することで酸化物層が分解しやすいことから拡散接合に有利である[3]。図3.25 に例を示すように920℃以上で接合時間 20min 以上にて母材と同等の接合強度が得られる。

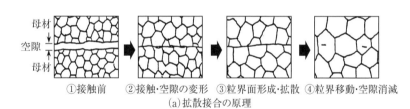

①接触前　②接触・空隙の変形　③粒界面形成・拡散　④粒界移動・空隙消滅
(a) 拡散接合の原理

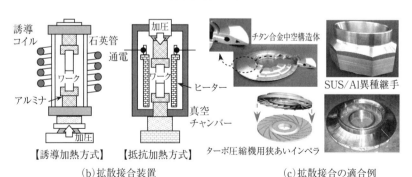

(b) 拡散接合装置　　　　　　(c) 拡散接合の適合例

図3.24　拡散接合の原理と実用例[22]

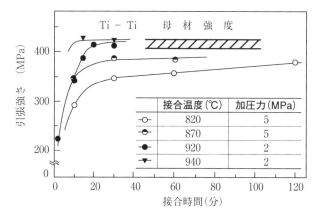

図3.25 チタンの固相拡散接合条件と接合強度[23]

3.7 異材接合

3.7.1 チタンと鉄鋼材料との接合性

　チタンは鉄鋼材料に比べ相対的に高価であることから接合技術を活用した鉄鋼材料との併用がチタン使用時の経済性を高める点で有用となる場合が多い。しかしながらTiとFeが合金化されるとぜい弱な金属間化合物が生成して十分な強度の接合部を得ることが困難となる。ここでは金属間化合物の生成挙動と非溶融接合法を用いた生成回避の考え方について述べる。

(1) Ti-Fe系，Ti-Ni系状態図

　図3.26に示すようにTi-Fe二元系合金は平衡状態では融点の直下から極めて広い温度範囲において金属間化合物TiFe，$TiFe_2$が存在する。これらの金属間化合物は極めて硬く，もろいことが知られている。鉄鋼とチタンの異材溶接時のようにこれらの元素が溶融混合されると金属間化合物を生じぜい化する。合金鋼を構成する主要元素であるCr，Niに関しても図3.27，図3.28に示すようにTi-Ni，Ti-Cr二元系合金では平衡状態ではぜい弱な金属間化合物であるTiNi，Ti_2Ni，$TiNi_3$，$TiCr_2$が存在する。

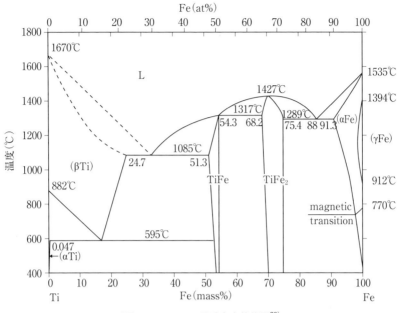

図3.26 Ti-Fe二元系合金状態図[30]

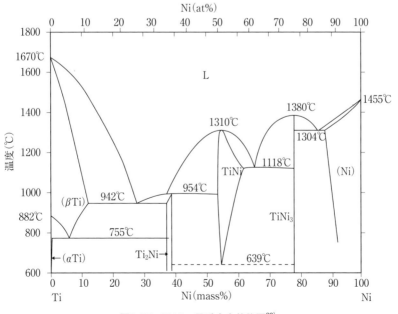

図3.27 Ti-Ni二元系合金状態図[30]

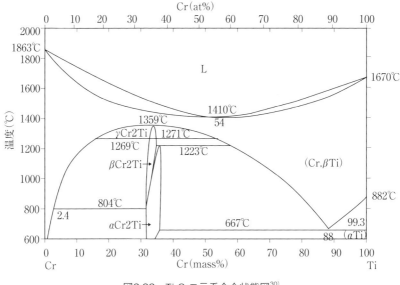

図3.28 Ti-Cr二元系合金状態図[30]

(2) 金属間化合物の成長挙動

平衡状態ではぜい弱な金属間化合物が存在する元素を含む異材接合であっても非溶融溶接においては必ずしも瞬時にそれらが生成するわけではなく、異材接合界面でのTi, Fe原子の拡散によって生成, 成長する。したがって, その成長を制御することで良好な接合界面を得ることができる。

生成層の形成速度は拡散律速の場合には律速する元素の拡散にともなう相界面移動速度であるともいえる。元素の濃度を C, 時間 t, 位置 x, 拡散定数 D_P とするとフィックの法則から次式で表わされる。

$$\partial C/\partial t = \partial(D_P \partial C/\partial x)/\partial x \cdots (3.1)$$

(ただし D_P は相 α 中では D_α, 相 β 中では D_β)

図3.29に示す境界条件すなわち界面での局部平衡と質量保存から加熱時間 t における界面移動距離 δ は, 次式となる。

$$\delta(t) = 2\lambda_\alpha(D_\alpha t)^{1/2} = 2\lambda_\beta(D_\beta t)^{1/2} \cdots (3.2)$$

ここで λ_α, λ_β は $C_{\infty,\alpha}$, $C_{\infty,\beta}$, $C_{I,\alpha}$, $C_{I,\beta}$ に依存する定数となる[28]ことから界面移動量は保持時間の平方根に比例する。そこで, 時間の平方根に対する比例定数を成長速度定数 k_δ とし, 実用材料の異材間の組合わせにおける値を評価することが工業的には有用となる。

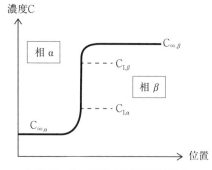

図3.29 異相界面での元素濃度分布

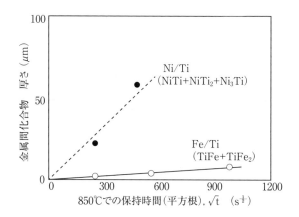

図3.30 Ti/Fe,Ni/Fe界面における等温保持時の金属間化合物の成長[25]

図3.30は相α側を純鉄または純ニッケル,相β側を純チタンとした異材接合界面での等温加熱時の金属間化合物の成長挙動[25]の例である。Fe/Ti, Ni/Tiのいずれの拡散対においても金属間化合物相の成長は保持時間の平方根に比例しており,この傾きから速度定数$k_δ$が得られる。速度定数は温度依存性を有することから異なる温度における同様の実験により$k_δ$が求められている[26),27)]。チタンと同様に鋼との間に金属間化合物を形成するジルコニウム,アルミニウム,タンタルとの間で得られている金属間化合物の成長速度を図3.31に示す。接合強度に悪影響を及ぼす金属間化合物の成長抑制の観点からの相対比較では,Ti/NiではTi/Feに比べて金属間化合物の成長が大きい。そ

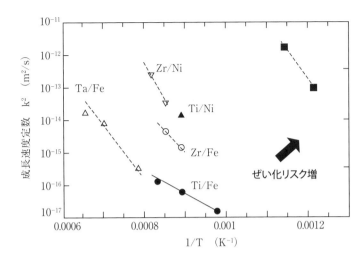

図3.31 異種金属界面における等温保持時の金属間化合物の成長速度の温度依存性

のため純チタンと異材との固相接合を考える上では，鋼との異材接合に比べて高Ni系のステンレス鋼など，Niを多く含む合金鋼との異材接合ではより金属間化合物が成長しやすいことに留意する必要がある。また純チタンとの異材接合に用いるインサート材の選定の観点からは，Al/Feの金属間化合物は低温側でも大きな成長速度を有している点に留意が必要であるが，一方，Ta/Feではその逆に金属間化合物の成長は抑えられる方向となる。

またこれらの速度定数の温度依存性を

$$k_\delta^2 = k_o^2 \exp(-Q_\delta/RT) \quad \cdots \cdots (3.3)$$

という形に実験式化しておくことで，表3.4に示す値を用いて式(3.3)から等温加熱時の金属間化合物の成長量を概算することができる。経験則的には金

表3.4 各種異材接合界面での金属間化合物の成長速度定数

	k_o^2 (m²/s)	Q_δ (kJ/mol)
Ti/Fe	1.77×10^{-11}	118
Al/Fe	5.98×10^8	344
Zr/Fe	3.43×10^{-4}	245
Ta/Fe	2.84×10^{-5}	265
Zr/Ni	1.94×10^7	466

属間化合物相は概ね1μm以下であれば界面強度への影響が小さいとされていることから、成長量の概算から加熱条件の適否や許容される加熱条件の目安が得られる。金属間化合物相の成長量δは，

$$\delta = k_\delta \sqrt{t} \quad \cdots \cdots (3.4)$$

から見積もられ、例えばFe/Tiを850℃で1000s間等温加熱した際には、δ=0.2μmの金属間化合物相が生成すると概算される。なお、Q_sは見かけ上は活性化エネルギーと同じ単位 (J/mol) をもつが、必ずしも拡散の活性化エネルギーとは一致しない。この値は拡散定数だけではなく$C_{I,\alpha}$，$C_{I,\beta}$，$C_{\infty,\alpha}$，$C_{\infty,\beta}$の影響を受けるためである[28]。

3.7.2 圧延を用いた接合

熱間圧延設備を使用した圧接方式による純チタンと鋼の固相接合方法でありチタンクラッド鋼の製造方法の一つとして用いられている。純チタン／鋼界面で良好な圧接が行われる要件は、接合面が清浄で雰囲気の酸素濃度が十分低いこと、概ね800℃以上の高温で圧延されること、十分に圧下されることが挙げられる。さらには接合された界面の金属組織には接合強度の低下要因となるぜい弱な生成相や硬化層が生じないことが求められる。接合雰囲気の酸素濃度を十分低く保つには、例えば合わせ材と鋼を大気から遮断するため図3.32に示すように溶接などにより封止した後、内部に残存した空気を真空ポンプなどにより排出することが有効となる。熱間圧延工程では前述の要件を達成するために合わせ材の種類に応じた圧延条件の適正管理が行われ、必要に応じて合わせ材と鋼の間にニッケルや純鉄のインサート層を設けることで健全な接合界面組織を得ている。

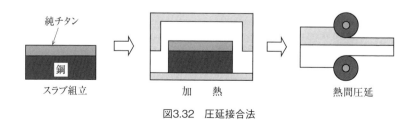

図3.32　圧延接合法

3.7.3 爆発圧接

爆発圧接は**図 3.33**に示すように火薬の爆発力によって接合界面にメタルジェットを生じさせることで金属新生面を露出させ，瞬時に接合面どうしを衝突させることにより接合する方法であり，圧延接合法と同様，チタンクラッド鋼の製造に用いられている。この方法では，接合界面は波目模様となり接合面がかん合した形状となるため特にせん断方向には強固な接合が得られるが，火薬を用いることから製造に際しては工場，設備の立地に配慮が必要となる。

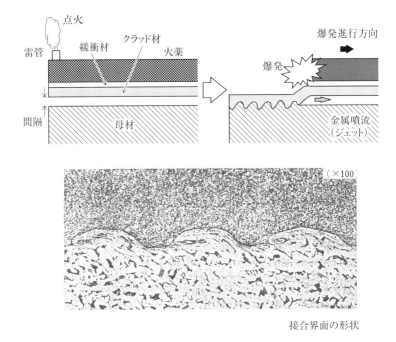

図3.33　爆発圧接[29]

3.8 チタンクラッド鋼の溶接

3.8.1 溶接継手設計の例

ぜい化割れの原因となるチタンと鋼の溶融混合を避けるため図 3.34 に示すように，開先面からそれぞれさらに 5 ～ 10mm 程度の範囲の合わせ材を完全に削除した開先とする。クラッド鋼の突き合せ溶接では通常，鋼側を板厚相当まで積層した後, 図 3.35 の例のように合わせ材が除去された部分にスペーサー（通常は純チタン）を入れ，その上からスペーサーよりも幅の広い純チタン板を載せてすみ肉溶接することが多い。

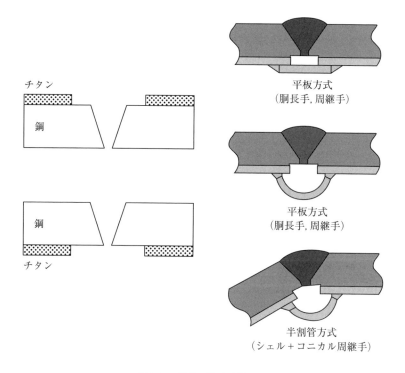

図3.34 開先, 継手形状の例

第3章 チタン溶接技術の基礎 207

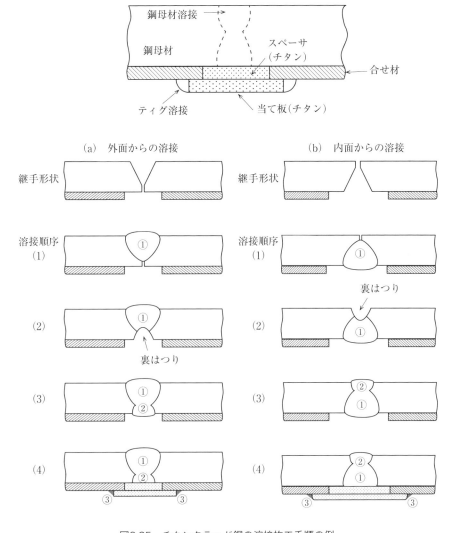

図3.35 チタンクラッド鋼の溶接施工手順の例

3.8.2　ガスシールド方法の例

　クラッド鋼の溶接においてもチタン側を溶接する際には，十分なガスシールドを行うことが重要となる。その具体例として，**図 3.36**に示すように炭素鋼側に設けたテストホールからアルゴンを供給し，バックシールドを行いながらチタンどうしのすみ肉溶接を実施する方法がある。重ね継手部に存在するスペースには，内圧によるチタン重ね板の変形防止やすみ肉継手に作用する応力の軽減などのために，各種仕様に従って，何も挿入しない場合のほか，炭素鋼製帯板，ステンレス鋼製帯板，チタン製帯板などのスペーサを挿入する場合がある。

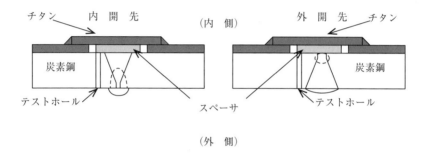

図3.36　チタンクラッド鋼の溶接開先の例

3.8.3　適用溶接法と溶接材料

　鋼側の溶接には被覆アーク溶接，マグ溶接などが用いられるが，チタン側の溶接にはほとんどの場合，ティグ溶接が用いられる。溶接材料には鋼側は強度（場合によっては靭性も）をチタン側は耐食性を考慮して必要性能に応じた共金溶接材料を用いる。

第3章 チタン溶接技術の基礎 209

3.9 チタンの積層造形

3.9.1 金属加工における積層造形

積層造形とは，コンピュータであらかじめ作った3次元（3D）のデータをもとに2次元の断面形状を計算し，材料を積層して3次元のモノとして造り出す技術をいう。日本では3Dプリンティングという用語が多く使われるが国際的にはAdditive Manufacturing（AM：付加製造技術または積層造形）とよばれる。

素材はプラスチック，ワックス，金属，ゴムなど多種類である。

常温かつ大気中で作業できる樹脂系の積層造形は簡単な3Dプリンターで行えるものがあるが，金属の場合は金属粉末を溶融または焼結するために必要な高温が必要であり，また，金属が高温で空気と反応しないように保護することが必要となる。

AMでも各種の方法があるがここでは，チタン粉末またはワイヤを溶融して造形する方法を中心に考える。

3.9.2 チタンの積層造形

(1)チタンの積層造形用の設備

チタンの積層造形用の設備で特に考慮することは温度，雰囲気および防爆である。

(a)チタン積層造形の温度

チタンの溶融温度は工業用純チタンで約1668℃，チタン合金で1540〜1650℃と高い。熱源は一般に電子ビームまたはレーザが使用される。生産性を上げるために複数レーザビーム方式の装置もある。

(b)チタン積層造形の雰囲気

雰囲気は電子ビームの場合は真空である。レーザの場合はアルゴン雰囲気である。チタンは高温での反応性が高いので，溶融状態や焼結状態では真空または不活性雰囲気が必要である。

(2) チタン積層造形材の品質

　チタンの積層造形で最も重要なことは製品品質の確保である。品質は粉末の製法，粒度，粒形，入熱量，積層の厚さ，など多くの要因で決まる。目標の製品に適した機械的性質などが安定して得られるように標準化することが大切である。現在多くの研究開発が進められている。

　チタンの積層造形の一例として，チタン合金（Ti-6Al-4V）の電子ビーム方式での積層造形による人工股関節ステム部の製品[4]を**写真 3.11** に示す。

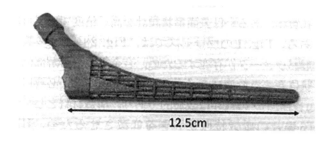

写真3.11　積層造形（AM）によるチタン合金製人工股関節ステム部[24]　[巻頭にカラー写真掲載]

第4章

チタン溶接部の品質確保
（試験検査・JIS 検定）

　チタン溶接部の試験・検査や検定試験は，ほぼステンレス鋼などと同様の内容である。ここでは特にチタンに特有の留意点を中心に述べる。

　チタン溶接部の試験には非破壊試験と破壊試験がある。一般的に非破壊試験は全数試験が可能でコストも比較的安い。ただしデータは定性的なものが多い。

　一方，破壊試験では定量的な判定が可能なものが多い。しかし試験数は限られ，一般的に試験コストは高い。

　チタンの試験検査の内容はステンレス鋼やアルミニウム合金などと基本的に同様である。

　試験と検査は同じような意味で使われることが多いがここでは性質を測定することを試験といい，試験結果が要求値を満たすかどうかを判定することを検査とよぶことにする。

4.1　チタン溶接部の非破壊試験

4.1.1　外観試験

　チタン溶接部の外観試験はオーバラップ，アンダカット，ビード高さと幅，余盛形状，脚長，変形，スパッタなどがあり，それらはステンレス鋼などと同じ内容である。

　チタン溶接で特別の外観試験がある。それは色判定である。

色判定はチタン溶接の表および裏の溶接部および熱影響部の色を目視で行う。

これはチタンが高温で酸素と反応した際に生成するチタン酸化皮膜を観察するものである。チタン酸化皮膜は透明であるがその厚さにより光の干渉作用により色がついて見える。その原理は 3.3.2 項 (1)(b) で述べた。膜厚が厚くなるにつれて色が変わって見える様子を**図 4.1** に示す。色を見れば酸化皮膜の厚さがわかる。すなわち，酸化の程度が判定できる。これは後述のチタン溶接の JIS 検定でも使われる。4.3.2 項 (5) を参照されたい。

特に表面の処理を要求されない通常の工業用製品では，通常，チタン溶接の発注者は，チタンの溶接部をワイヤブラシや酸洗で処置せず溶接状態のまま提示してもらい品質判定を行う。

図4.1　酸化皮膜の厚さと変色程度（JIS Z 3805）

4.1.2　放射線透過試験

放射線透過試験（RT：Radiographic Testing）は，X 線あるいは γ 線を用いて透過像をフィルムあるいは CCD 上に写して内部欠陥を観察する。

チタンの放射線透過試験を行うためには，透過度計のチタン用最小識別用線（02T，04T，08T）が必要である。これは（一社）日本チタン協会にて購入可能である。詳細は JIS Z 2306「放射線透過試験用透過度計」(Radiographic image quality indicators for non-destructive testing) による。これは ISO 1027 Radio graphic image quality indicators for non-destructive testing - Principles and identification も考慮に入れて作成されている。

4.1.3　超音波探傷試験

超音波探傷試験（UT：Ultrasonic Testing）は，超音波の反射信号を波形測定

し内部欠陥を観察する。同等のチタン材を比較試験材とし人工きずをつけて超音波パルスの反射波を比較する。

チタン管やチタン棒に主に使用され，水浸式超音波試験の適用が多い。チタン管では JIS H 0516「チタン管の超音波探傷検査方法」が規定されている。

4.1.4　渦電流探傷試験

渦電流探傷試験（ET：Eddy current testing）は渦流探傷試験ともいう。電流を通したコイルの中にチタン試験材を通し，材質の違いあるいは欠陥による渦電流の変化を測定し，表面および表面付近の欠陥を見つける。

チタンに人工きずをつけた比較試験片を作製し比較試験を行う。詳しくは JIS H 0515「チタン管の渦流探傷検査方法」を参照されたい。

4.1.5　浸透探傷試験

浸透探傷試験（PT：Penetrant Testing）は，欠陥に浸透液を染みこませ表面欠陥の存在を可視化する。

染色浸透試験では，赤い浸透液と白色の現像液を使い，表面欠陥部が白地に赤くでる。

蛍光浸透液では，ブラックライトで表面欠陥部を蛍光に発光させる。

4.1.6　漏れ試験

漏れ試験（Leak testing）は管状製品や容器状製品に適用し，充填した水あるいは空気に所定の圧力を掛け，欠陥からの漏れを測定する。

ヘリウム漏れ試験（Helium leak testing）は，試験にヘリウムを用いる。試験体から漏れ出た微量のヘリウムをリークデテクターに導きイオン化し He イオンを電流としてとらえ増幅してメータに指示する。

差圧リークテストは，2系統の差圧を検出して漏れの有無を試験する。

4.1.7　光学探傷試験

　光学探傷試験は，光を照射し反射光の散乱から表面欠陥を確認する方法である。

　これらはいずれも一般的な試験方法と同様で，チタンもほかの金属と基本的に変わりない。試験実施者の能力が精度を左右する。チタンの非破壊試験は経験者が少ないので，有能な検査者の確保が重要である。

4.2　チタン溶接部の破壊試験

　チタンの機械的性質，ミクロ組織などの諸性質は，破壊試験でなければ測定できない。これらの試験方法はそれぞれ金属共通で規格化されているのでそれを参照されたい。

　主な破壊試験を列挙すると，引張試験，曲げ試験，化学分析，耐圧試験，気密・水密試験，硬さ試験，衝撃試験，疲労試験，腐食試験，深絞り性試験，マクロ組織，ミクロ組織などである。

4.3　チタン溶接技術検定

4.3.1　アルゴンシールド溶接におけるチタンの特殊性

　チタンのティグ溶接およびミグ溶接の技術検定に関して，JIS Z 3805「チタン溶接技術検定における試験方法及び判定基準」が規定されている。チタンの溶融溶接の従事者にはこの資格取得することを強くお勧めする。

　ステンレス鋼のティグ溶接の資格を「アルゴン溶接の資格をもっている。」と考えてチタンの溶接にも流用できると誤解することがあるが，チタンのティグ溶接は特にコンタミネーションの影響がステンレス鋼に比べてはるかに大きい。鉄鋼・ステンレス鋼のティグ溶接の資格があってもチタンのティグ溶接の資格の代わりにはならない。これを誤解している場合が多いのもチタン溶接ト

第 4 章　チタン溶接部の品質確保　　215

ラブルの大きな原因である。

4.3.2　チタン溶接 JIS 検定

　（一社）日本溶接協会(JWES)は，日本適合性認定協会(JAB)から溶接技術者，溶接技能者資格を認証する「要員認証機関」として認定を受けた。チタン溶接技能者の認証を受けるための評価試験は JIS Z 3805 に基づいて WES 8205「チタン溶接技能者の資格認証基準」に則って実施される。

　JIS Z 3805「チタン溶接技術検定における試験方法及び判定基準」の詳細は，「JIS チタン溶接受験の手引」（日本溶接協会出版委員会編）として出版されている。受験する人はこれを参照して頂きたい。

　なお，日本溶接協会は，2015 年からこの国内規格（JIS，WES など）に基づく溶接技能者の認証とは別に国際規格 ISO 9606-1 ～ 6 に基づく溶接技能者の認証を開始した。

　ISO 9606-5 は，チタン溶接について規定している。現在のところ JIS Z 3805 と ISO 9606-5 は整合性をとることなく独立し並列している。ISO 9606 は世界を対象にした資格認定として重要であるが日本では現在のところ，まだ一般に広まっていない。今後世界的な規模でチタン溶接が行われるようになると，ISO 資格の必要性および ISO と JIS の内容整合の必要性が出てくるであろう。

　ここではチタンのティグおよびミグ溶接に関する JIS Z 3805[4] 検定の概要を紹介する。

(1) 資格の種類

　チタン溶接試験は，ティグ溶接およびミグ溶接について規定する。溶接姿勢はティグ溶接では板の下向，立向，横向，上向および管の水平固定と垂直固定である。ミグ溶接では下向だけである。チタン溶接技術検定試験の種類を**表 4.1**に示す。このうち，板の下向溶接 RT-F を基本級とよび，その他を専門級とよぶ。

(2) 材質

　試験材料に使う材質は工業用純チタン 2 種である。すなわち，板は JIS H 4600 の 2 種，管は JIS H 4630 の 2 種である。資格を取得したとき，資格の材質範囲は 2 種だけでなく，チタンおよびチタン合金すべてがカバーされる。寸法範囲も同様にすべてが資格範囲に含まれる。

216   第2部　基礎編

表4.1　チタン溶接技術検定試験の種類（JIS Z 3805表1より）

試験の種類			継手の種類			試験片の種類
溶接方法	溶接姿勢	記号	試験材料の形状	試験材料の寸法	裏当て金の有無	
ティグ溶接	下向	RT-F	板	板厚＝3mm	なし	表曲げ裏曲げ
	立向	RT-V				
	横向	RT-H				
	上向	RT-O				
	水平固定	RT-P	管	呼び径80～100A肉厚＝ 3mm		
	垂直固定					
ミグ溶接	下向	RM-F	板	板厚＝6mm	あり	

(3) 試験材料の形状と寸法

ティグ溶接・板溶接用は，純チタン板2種 TP340（厚さ3mm，幅約100 mm，長さ200mm）の板2枚を溶接長200mm になるように突合せ溶接する。

ティグ溶接・管溶接用は，管の呼び径80A ～ 100A，厚さ3mm で長さ約100mm の2つの管の端面を突合せ溶接する。管では円周の半分を水平固定として立向姿勢で溶接し，半分を鉛直固定として横向姿勢で溶接する。

ミグ溶接では，純チタン板2種 TP340（厚さ6mm，幅約100 mm，長さ200mm）の板2枚を溶接長200mm になるように突合せ溶接する。

板および管の両方で表曲げと裏曲げの試験片を採取する。

試験材の形状と採取する試験片の位置を図4.2 に示す。

(4) 溶接方法

試験はすべて片側からの溶接である。ティグでは通常2層または3層で行い適切な裏ビードを形成させる。第1層では裏ビードを形成させることを主目的とし第2層以降でビード形状に主力を注ぐ。第1層と2層以降で溶加棒のサイズを変えてもよい。溶接後の表面にはブラッシングなどの手を加えてはならない。

(5) 色判定

チタンのティグ溶接およびミグ溶接では外観試験の中に特別に色判定が含まれる。これはチタン溶接で重要なシールドが十分にできていることを確認するものである。シールドが悪いとチタン酸化皮膜の厚さが大きくなり色が変わる。この色により酸化の程度をみて技能を判定するものである。

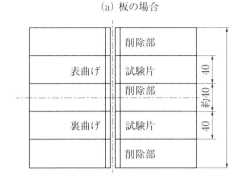

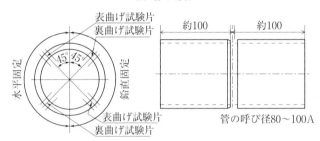

図4.2 ティグ溶接における板と管の試験片採取位置[1]

JIS Z 3805 では銀色，金色(または麦色)，紫色，青色までを合格としている。詳細は，**表4.2** を参照されたい。

なお，これは技能試験の合否を判定するための基準であって，個別の溶接製

表4.2 溶接部の色判定基準[2]

合　格			不合格		
酸化の程度	色の名前	説明	酸化の程度	色の名前	説明
①	銀色	完全シールド状態であり，延性が大きい。	⑤	青白	中間部10mmを超えない。終端部20mmを超えない。(超えると不合格)
②	金色	または麦色ほとんど汚染のない溶接部である。	⑥	暗灰色	あってはならない。
③	紫	軽い汚染が見られるが，合格と見なせる。	⑦	白	あってはならない。
④	青	軽い汚染が見られるが，合格と見なせる。	⑧	黄白	溶接部はまったくぜい弱である。あってはならない。

品品質の合否とは異なる。個別の製品ではその製品の要求品質により合否判定レベルは異なる。

溶接部の標準色見本を**写真4.1**に示す。なお，チタン溶接における酸化皮膜は干渉色なので印刷での再現性は困難なため色調を保証するものではない。

写真4.1　溶接部の標準色見本［巻頭にカラー写真掲載］

(6) 適格性証明書

JIS検定での合否は学科試験と実技試験の結果で決まる。学科試験は正答率60％以上で合格となり，実技試験の結果は外観試験と曲げ試験の評価基準で判定される。学科および実技両方の試験合格者に適格性証明書が交付される。

第5章

ジルコニウムの溶接性

ジルコニウムはチタン同様，活性金属であることから大気をはじめとするガス成分（O，N，H）との反応に関連して溶接トラブルが生じやすい。ここでは，ジルコニウムをアーク溶接した際のガス成分の吸収特性およびガス成分の吸収が使用性能（硬さ，延性，じん性）に及ぼす影響について基礎的に概説する。

5.1 溶接時のガス吸収特性

ジルコニウムはチタンと同様，活性金属であることから大気中で高温に加熱されると酸素，窒素を吸収し硬化，ぜい化を生じやすい。ジルコニウムは限界値以上のO，Nを吸収すると図5.1に示すように，曲げ試験にて割れを生じる

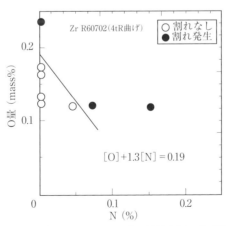

図5.1　O,Nの吸収によるジルコニウム溶接金属の曲げ性能劣化

可能性が高くなる。**図 5.2** に示すように，O，N が吸収された溶接金属では硬化により延性が低下するためである。また**図 5.3** に示すようにぜい化によりじん性（シャルピー吸収エネルギー）も低下する。定量的にはこれら図の横軸の値から硬化，ぜい化の程度が概算される。

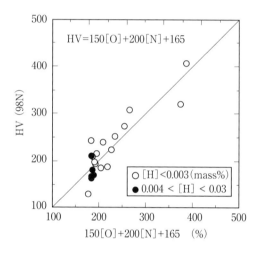

図5.2　O,N吸収によるジルコニウム溶接金属の硬化

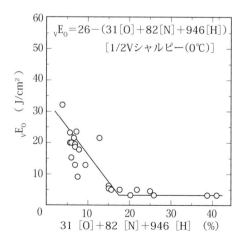

図5.3　O,N,Hの吸収によるジルコニウム溶接金属のじん性劣化

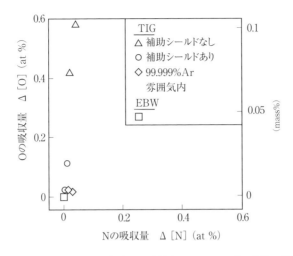

図5.4　各種ガスシールド条件での溶接金属におけるガス成分の吸収量

したがって，ジルコニウムでは純チタンと同様，ティグ溶接のトーチシールドに加え補助シールドジグを用いて溶融池後方にアルゴンを供給して，溶融池ならびに凝固直後の溶接金属を大気から保護する方法が通常行われている。

各種ガスシールド条件での溶接金属におけるガス成分の吸収量を図5.4に示す[1]。補助シールドを用いない通常のティグ溶接では多くのN，Oが吸収されるが補助シールドジグの適用や純アルゴンで置換されたチャンバー内での溶接によりガス吸収は大幅に抑制される。また高真空中で行うことが前提である電子ビーム溶接の適用もガス吸収の抑制に有効となる。

5.2　HAZの組織

ジルコニウムは常温ではhcp構造の結晶からなるα相であるが高温ではbcc構造の結晶からなるβ相となる。$\alpha \rightarrow \beta$変態温度以上の高温に加熱されたHAZは，図5.5[1]に示すように母材とは組織形態は異なるがβ相から冷却されたα相であり急冷されても鋼のような焼入れ組織とはならない。

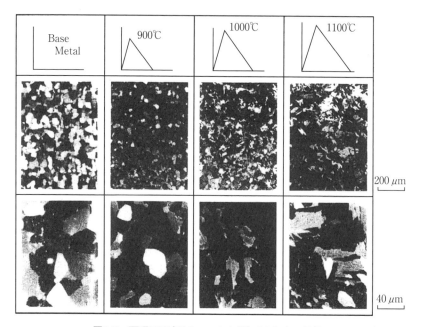

図5.5 再現HAZ(ジルコニウム部)でのミクロ組織

5.3 溶接継手特性

5.3.1 溶接施工条件例

板厚 8mm のジルコニウム(ASTM B551 R60702)を用いた溶接施工事例を以下に述べる。補助シールドジグを用いたティグ溶接により行った。その際に用いた開先形状,積層方法,溶接条件を**図 5.6** に,溶接施工条件を**表 5.1** に示す。

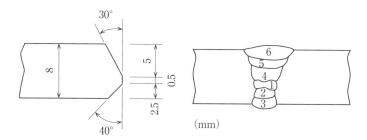

図5.6 開先・積層方法

表5.1 溶接条件の例

パス	溶接電流 (A)	溶接電圧 (V)	溶接速度 (mm/s)	シールドガス流量 トーチ (ℓ/min)	補助シールド (ℓ/min)
1	130	14	0.8	15	40
2	140	15	1	15	40
3〜6	140	15	1.3〜1.7	15	40

5.4 溶接継手の性質

前節の開先，溶接施工条件により得られた溶接継手の特性を以下に示す。

5.4.1 組織と硬さ分布

溶接継手の硬さ分布の一例を図5.7に示す。

前述したようにジルコニウムは高温のβ相から急冷されても元のα相に戻るため焼入れ性はなく，図に示すように溶接金属，HAZは母材と概ね同じ硬さとなる。

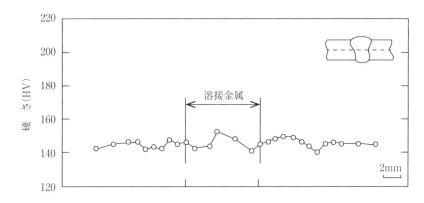

図5.7 ジルコニウム溶接継手の硬さ分布

5.4.2　常温の引張特性

　溶接継手の引張試験および曲げ試験の結果の一例を**表 5.2**[1] に示す。引張試験では溶接金属で破断が生じているが，引張強さは ASTM に規定された母材の下限値を十分に上回っている．また表曲げ，裏曲げ試験においては割れのない良好な結果が確認されている。

表5.2　ジルコニウム溶接継手の機械的性質

溶接方法	継手引張		継手曲げ	
	引張強さ (MPa)	破断位置	表曲げ	裏曲げ
ティグ溶接	448	溶接金属	良好	良好
	450	溶接金属	良好	良好
電子ビーム溶接	440	溶接金属	良好	良好
	453	溶接金属	良好	良好

参考文献一覧

第2章

1）チタン ,vol.66, No.2,（2015）, p.66（vol.62 ～ 65）
2）チタン講習会テキスト, 日本チタン協会(2018), p.3, p.6
3）高村，森口，広瀬，前田, 防食技術, vol.19,（1970）, p.232
4）溶接学会・日本溶接協会 編, 溶接・接合技術総論, 産報出版(2015), p.215
5）日本チタン協会, 現場で生かす金属材料シリーズ チタン, 丸善出版(2011), p.51
6）青木大造, チタン ,vol.63,（2015）, p.122
7）上瀧洋明, 溶接技術,vol.64 No.2,（2016）, p.121

第3章

1）「ホンダ CBR1000RR」レーシングチームハニービー写真提供
2）上瀧洋明, 溶接技術,vol.64 No.3,（2016）, p.106
3）チタン , vol.63 No.2,（2015）, p.2
4）上瀧洋明, 溶接技術,vol.64 No.2,（2016）, p.108
5）溶接学会・日本溶接協会 編, 溶接・接合技術総論, 産報出版(2015), p.39
6）上瀧洋明, チタンの溶接技術, 日刊工業新聞社(2011), p.134, p.139, p.141
7）上瀧洋明, 溶接技術,vol.64 No.3,（2016）, p.110
8）上瀧洋明, 溶接技術,vol.64 No.3,（2016）, p.111
9）上瀧洋明, 目で見るチタンの加工, 日刊工業新聞社(2012), p.114
10）上瀧洋明, チタンの溶接技術, 日刊工業新聞社(2000), p.44
11）上瀧洋明, 溶接技術,vol.64 No.4,（2016）, p.131
12）上瀧洋明, チタンの溶接技術, 日刊工業新聞社(2011), p.140
13）上瀧洋明, チタンの溶接技術, 日刊工業新聞社(2011), p.154
14）日本溶接協会広報出版委員会, JIS チタン溶接受験の手引, 産報出版(2004), p32
15）溶接学会・日本溶接協会 編, 溶接・接合技術総論, 産報出版(2015), p.46
16）溶接学会・日本溶接協会 編, 溶接・接合技術総論, 産報出版(2015), p.45
17）溶接学会・日本溶接協会 編, 溶接・接合技術総論, 産報出版(2015), p.65
18）溶接学会・日本溶接協会 編, 溶接・接合技術総論, 産報出版(2015), p.64
19）上瀧洋明, 目で見るチタンの加工, 日刊工業新聞社(2012), p.92
20）溶接学会・日本溶接協会 編, 溶接・接合技術総論, 産報出版(2015), p.59
21）上瀧洋明, 溶接技術,vol.64 No.5,（2016）, p.124
22）溶接学会・日本溶接協会 編, 溶接・接合技術総論, 産報出版(2015), p.73
23）池内健二, アルミニウムおよびアルミニウム合金, チタンおよびチタン合金の溶接の基礎と応用, 溶接学会東部支部(1986), p.49
24）中野貴由, チタン vol.62 No.3,（2014）, p.24
25）小溝裕一他, 鉄と鋼, 74,（1988）, p.1832
26）小川和博他, 溶接学会講演概要 46,（1990）, p.206
27）泰山正則他, 溶接学会講演概要 50,（1992）, p.173
28）A.Seki,K.Ogawa etal:ISIJ Int. 53,（2013）, p.2242
29）日本チタン協会, チタンの加工技術, 日刊工業新聞社(1992), p.149
30）ASM Handbook,Vol.3, Alloy Phase Diagram(2016),p.358
31）上瀧洋明, チタンの溶接技術, 日刊工業新聞社(2011), p.88

第4章

1）日本溶接協会広報出版委員会：JIS チタン溶接受験の手引, p.114, 産報出版(2004)
2）日本溶接協会広報出版委員会：JIS チタン溶接受験の手引, p.118, 産報出版(2004)

第5章

1）三浦実，小川和博：住友金属(技報), 45, No6,（1993）, p.59

索　引

A

Additive Manufacturing ·········· 209
AM ····························· 209

B

Backup Shield ·············· 169, 182
Brazing····················· 162, 197

C

Commercially Pure Titanium ····· 149
Consumable Electrode ··········· 168
Contamination··············· 167, 177
CP チタン ······················ 149
Cylinder ······················· 176

D

DCEN ·························· 167
DCEP ·························· 189
DCSP ·························· 167

E

EBW ··························· 192
ET ····························· 213

F

filler metal ····················· 152
filler rod ······················· 152
FSW ·························· 195
Fusion welding ················· 162

G

Galvanic corrosion ··············· 165
GMAW······················· 189
GTAW ························ 167

I

Included Angle ·················· 173

Inert Gas ······················· 167

L

LBW ·························· 191

M

MIG··························· 189

P

pH ···························· 145
Pd ····························· 146
Pressure welding ················ 162
PT····························· 213

R

RT····························· 212

S

Soldering ······················ 197
Stringer bead ··················· 186

T

TIG ···························· 167
Trailing Shield ············· 169, 182

U

UT ···························· 212

W

Weaving······················· 186
welding wire ··················· 152

ギリシア文字

α 型····························· 150
α ケース························ 166
β 型····························· 150

数字

6-4合金······151

あ

アークトラブル······71
足元(フット)スイッチ······172
圧接······162
アプセット圧力······195
アフターシールド······52, 169, 182
アフターフロー······48, 187
アルゴン純度······81, 174

い

異材継手······108, 123
異材溶接······111
異種金属······108
板切溶加棒······19, 156
鋳物······94
色判定······211
色判定基準······217
インサート材······203

う

ウィービング······186
ウール······170
ウマ······187
裏はつり······15
裏ビード······65

え

液化ガス容器······176
エネルギー密度······190
塩化物イオン······145
塩化物環境······146
塩酸-硝酸系······105

お

応力腐食割れ······108, 148

か

外観試験······211
開先加工······13, 186

回転機器······102
回転変形······65
化学的接合······164
拡管······90
拡散定数······201
拡散律速······201
角変形······62
角棒······19, 156
火災······74, 77
ガス吸収特性······158
ガスケット······129
ガス置換チャンバー······179, 180
活性化エネルギー······204
活性金属······74, 219
渦電流探傷試験······213
管端溶接······55
管溶接······52

き

機械的性質······143
機械的接合······165
逆ひずみ······62
強度不足······99
金属火災用消火器······74, 77
金属間化合物······111, 115, 199
金属結合······198

く

グラインダ······13, 15
クラッド界面······115
クラッド鋼······115, 120, 206

こ

高圧ガス容器······176
硬化······111, 115
硬化肉盛······96
工業用純チタン······149
孔食······126, 145
鋼製シールドガス配管······30
拘束ジグ······33, 35
極薄板······33, 35
固相状態······198
固溶度······157

228 索引

コラプシブルチャンバー・・・・・・・・・180
混合ガス・・・・・・・・・・・・・・・・・・・・・86
コンタミネーション・・・・・・・84, 167, 177

さ

最適溶接設計・・・・・・・・・・・・・・・・135
最密六方晶・・・・・・・・・・・・・・・・・・150
酸化・・・・・・・・・・・・44, 48, 55, 57, 123
酸化性環境・・・・・・・・・・・・・・・・・・144
酸化皮膜・・・・・・・・・・・・・・・・・・・・166
酸欠・・・・・・・・・・・・・・・・・・・・・・・・175
残留応力・・・・・・・・・・・・・・・・・・・・108

し

シーケンス・・・・・・・・・・・・・・・・・・188
シーム溶接・・・・・・・・・・・・・・・・・・194
シールド・・・・・・・・・・・・・44, 48, 167
シールドガス・・・・・・・28, 30, 55, 84, 86
シールドガスホース・・・・・・・・・・・・28
シールドジグ・・・・・・・・・・・・・・・・169
シールドガス配管・・・・・・・・・・・・・・79
シールド不良・・・・・・・・・・・・・・・・・・52
シールドボックス・・・・・・・・・・・・・・57
シール溶接・・・・・・・・・・・・・・・・・・・55
指向性・・・・・・・・・・・・・・・・・・・・・・190
自動ティグ溶接・・・・・・・・・・67, 168
シャルピー吸収エネルギー・・・・・・・161
消火砂・・・・・・・・・・・・・・・・・・・74, 77
ショートビード・・・・・・・・・・・・・・・・62
ジルコニウム・・・・・・・・・・・・123, 219
じん性・・・・・・・・・・・・・・・・・・・・・・161
浸透探傷試験・・・・・・・・・・・・・・・・213

す

垂下特性・・・・・・・・・・・・・・・・・・・・185
水素・・・・・・・・・・・・・・・・・・・・・・・・86
水素化物・・・・・・・・・・・・・・・・・・・・86
水素吸収・・・・・・・・・・・・・・・・・・・・71
水素ぜい化・・・・・・・・・・・・・・・・・・86
水分量・・・・・・・・・・・・・・・・・・・・・174
隙間腐食・・・・105, 126, 129, 146, 148, 165
ステンレス鋼・・・・・・・・・・・・・・・・111

ストリンガビード・・・・・・・・・・・・・186
ストロングバック・・・・・・・・・・・・・187
スパッタ・・・・・・・・・・・・・・・・・・・・189
スポット溶接・・・・・・・・・・・・・・・・193

せ

ぜい化・・・・・・・・・・・・・・・・・・・・・115
ぜい化・・・・・・・・・・・・・・・・・・・・・111
ぜい化割れ・・・・・・・・・・・・・・・・・・206
正極性・・・・・・・・・・・・・・・・・・・・・167
成長速度定数・・・・・・・・・・・・・・・・201
積層造形・・・・・・・・・・・・・・・・・・・・209
切削くず・・・・・・・・・・・・・・・・・・・・74
接着・・・・・・・・・・・・・・・・・・・・・・・164
セミクリーンルーム・・・・・・・・・・・184
先端角度・・・・・・・・・・・・・・・・・・・・173

そ

造管溶接・・・・・・・・・・・・・・・・・・・・84
ソリッド・・・・・・・・・・・・・・・・・・・・154
ソリッドワイヤ・・・・・・・・・・・・・・・153

た

体心立方晶・・・・・・・・・・・・・・・・・・150
耐熱スカート・・・・・・・・・・・・・・・・170
多層盛り・・・・・・・・・・・・・・・・・・・・24
脱脂洗浄・・・・・・・・・・・・・・・・・・・・19

ち

チタン管・・・・・・・・・・・・・・・・・・・・77
チタンくず・・・・・・・・・・・・・・・・・・74
チタンクラッド鋼・・・・・・・・・・132, 135
チタンクラッド鋼製容器・・・・・・・・126
チタン合金・・・・・・・・・・・・・・・・・・149
チタン自動ティグ溶接・・・・・・・・・・・39
チタンバルブ・・・・・・・・・・・・・・・・・96
チタン溶接ワイヤ・・・・・・・・・・・・・・67
窒息消火・・・・・・・・・・・・・・・・・74, 77
窒素添加・・・・・・・・・・・・・・・・・・・・96
着火・・・・・・・・・・・・・・・・・・・・・・・・74
チャンバー・・・・・・・・・・・・・・・・・・179
チャンバー内溶接・・・・・・・・・・・・・・81
超音波探傷試験・・・・・・・・・・・・・・・212

て

ティグ溶接・・・・・・・・・・37, 84, 102, 166
抵抗溶接・・・・・・・・・・・・・・・・・193
定電圧特性・・・・・・・・・・・・・・・186
定電流特性・・・・・・・・・・・・・・・185
適格性証明書・・・・・・・・・・・・・・218
手元スイッチ・・・・・・・・・・・・・・172
手溶接・・・・・・・・・・・・・・・・・・168
電気腐食・・・・・・・・・・・・・・・・・165
電子ビーム溶接・・・・・・・・・・・・192
展伸材・・・・・・・・・・・・・・141, 149
テンパーカラー・・・・・・・・・・・・・24

と

砥石・・・・・・・・・・・・・・・・・・・・13
溶込不足・・・・・・・・・・・・・・・・・102
溶込不良・・・・・・・・・・・・・・35, 65
トランジションジョイント・・・・・・111
トレーリングシールド・・・・・・・・・169

な

ナゲット・・・・・・・・・・・・・・・・・193
なめ付・・・・・・・・・・・・・・・・・・154

に

入熱・・・・・・・・・・・・・・・・・・・・62

ね

熱間圧延工程・・・・・・・・・・・・・・204
熱間圧延設備・・・・・・・・・・・・・・204
熱交換器・・・・・・・・・55, 77, 90, 120
熱処理・・・・・・・・・・・・・・108, 123
燃焼・・・・・・・・・・・・・・・・74, 77
粘着・・・・・・・・・・・・・・・・・・・164

の

ノン・フィラー溶接・・・・・・・・・・154

は

配管・・・・・・・・・・・・・・・・・・・183
破壊試験・・・・・・・・・・・・・・・・・214
剥離強度・・・・・・・・・・・・・・・・・120

は

パス間温度・・・・・・・・・・・・・・・・96
バックシールド・・・・・・・・44, 169, 182
バックシールドジグ・・・・・・・・・33, 35
発色・・・・・・・・・・・・・・44, 48, 177
パラジウム・・・・・・・・・・・・・・・129
ハロゲンイオン・・・・・・・・・・・・・145
半自動ティグ溶接・・・・・・・・・・・169
はんだ付・・・・・・・・・・・・・・・・・197
ハンピングビード・・・・・・・・・・・・39

ひ

ビード形状不良・・・・・・・・33, 35, 37
ビッカース硬さ・・・・・・・・・・・・・159
微粉・・・・・・・・・・・・・・・・・・・・74
ヒューマンエラー・・・・・・・・・・・132
非溶融接合法・・・・・・・・・・・・・・199
疲労破壊・・・・・・・・・・・・・・・・・102

ふ

ファスナー・・・・・・・・・・・・・・・165
不活性ガス・・・・・・・・・・・・・・・167
腐食・・・・・・・・・・・・・・・・・・・132
物理的性質・・・・・・・・・・・・・・・142
不動態皮膜・・・・・・・・・・・・・・・144
プラズマ溶接・・・・・・・・・・・・・・190
フランジ・・・・・・・・・・・・・・・・・129
プリフロー・・・・・・・・・・・・48, 187
フレキシブル管・・・・・・・・・・・・・184
ブローホール・・・・・・・・・13, 15, 19

へ

変色・・・・・・・・・・・・・・・・44, 178

ほ

放射線透過試験・・・・・・・・・・・・212
補修溶接・・・・・・・・・・・・・・71, 94
ポロシティ・・・・・13, 15, 19, 21, 24, 28, 30
ボンベ・・・・・・・・・・・・・・・・・・176

ま

曲げ・・・・・・・・・・・・・・・・・・・・79
曲げ割れ・・・・・・・・・・・・・・・・・81
摩擦圧接・・・・・・・・・・・・・・・・・195

230　索　引

摩擦攪拌接合‥‥‥‥‥‥‥‥‥‥195

み

ミグ溶接‥‥‥‥‥‥‥‥‥‥‥‥189

め

メルトラン‥‥‥‥‥‥‥‥‥‥‥154

も

モニタリング‥‥‥‥‥‥‥‥‥‥135
漏れ試験‥‥‥‥‥‥‥‥‥‥‥‥213

や

冶金的接合‥‥‥‥‥‥‥‥‥‥‥162

ゆ

融合不良‥‥‥‥‥‥‥‥‥‥‥‥‥90
融接‥‥‥‥‥‥‥‥‥‥‥‥‥‥162
融点‥‥‥‥‥‥‥‥‥‥‥‥‥‥‥84

よ

溶加材‥‥‥‥‥‥‥‥‥‥‥‥‥152
溶加棒‥‥‥‥‥‥‥‥‥‥‥‥‥152
溶極式‥‥‥‥‥‥‥‥‥‥‥‥‥168
溶接管‥‥‥‥‥‥‥‥‥‥‥‥‥‥90
溶接技術検定試験‥‥‥‥‥‥‥‥215
溶接構造‥‥‥‥‥‥‥‥‥‥‥‥105
溶接残留応力‥‥‥‥‥‥‥‥‥‥148
溶接施工法確認試験‥‥‥‥‥‥‥159
溶接施工方法の確認試験‥‥‥‥‥‥99
溶接線交差部‥‥‥‥‥‥‥‥‥‥135
溶接速度‥‥‥‥‥‥‥‥‥‥‥‥‥62
溶接継手曲げ試験‥‥‥‥‥‥155, 159
溶接変形‥‥‥‥‥‥‥‥‥‥‥62, 186
溶接棒の保管‥‥‥‥‥‥‥‥‥‥‥21
溶接補修‥‥‥‥‥‥‥‥‥‥‥‥120
溶接ワイヤ‥‥‥‥‥‥‥‥‥‥‥152
溶接割れ‥‥‥‥‥‥‥‥‥‥‥‥, 94
溶断‥‥‥‥‥‥‥‥‥‥‥‥‥‥‥77
溶滴移行‥‥‥‥‥‥‥‥‥‥‥‥‥39
溶融溶接‥‥‥‥‥‥‥‥‥‥‥‥162
汚れ‥‥‥‥‥‥‥‥‥‥‥‥‥‥‥21
予熱‥‥‥‥‥‥‥‥‥‥‥‥‥‥, 94

り

リベット‥‥‥‥‥‥‥‥‥‥‥‥166
硫酸‥‥‥‥‥‥‥‥‥‥‥‥‥‥132

れ

レーザ溶接‥‥‥‥‥‥‥‥‥‥57, 191

ろ

ろう接‥‥‥‥‥‥‥‥‥‥‥‥162, 197
ろう付‥‥‥‥‥‥‥‥‥‥‥‥162, 197
露点‥‥‥‥‥‥‥‥‥‥‥‥‥79, 174

わ

ワイヤ座屈‥‥‥‥‥‥‥‥‥‥‥‥67
ワイヤ送給‥‥‥‥‥‥‥‥‥‥‥‥67
ワイヤフィーダ‥‥‥‥‥‥‥‥‥189
割れ‥‥‥‥‥‥‥‥‥‥‥‥, 86, 90, 79

チタン溶接トラブル事例集

2019年4月25日　　初版第 1 刷発行

編　者　　一般社団法人 日本チタン協会

発行者　　久木田　裕

発行所　　産報出版株式会社

〒101-0025　東京都千代田区神田佐久間町1-11
TEL. 03-3258-6411／FAX. 03-3258-6430
ホームページ　http://www.sanpo-pub.co.jp/

印刷・製本　株式会社精興社

©The Japan Titanium Society, 2019　ISBN978-4-88318-057-8　C3057

定価はカバーに表示しています。
万一, 乱丁・落丁がございましたら, 発行所でお取り替えいたします。